鑽石法則1

每天陪伴孩子3小時

鑽石法則2

與孩子分開不超過3天

鑽石法則3

在孩子3歲前身體力行

1天3小時讓孩子變鑽石

媽媽的氣味讓孩子變聰明、學會愛！

李賢秀——著
辛苡慕——譯

時報出版

〔推薦序〕

神奇三小時，陪伴孩子走過波瀾

過去我還在職場上時，是一個衝鋒陷陣的工作狂，下班之後比上班更忙，對於電視台工作侵蝕我的日常作息，一直是甘之如飴。

但是當一個個寶寶陸續來到我的生命之後，我幾乎是戲劇性的大轉性，每每還沒下班，我的心就已飛出了辦公室、剪接室、攝影棚。六點一到，當全公司都還沉浸在自動加班的拚搏氣氛中，我竟能厚顏恬恥地溜走，有時衝動一上身，手一揮，一部計程車便火速奔往保姆家。

我的同事總擔心我太累，於是苦口婆心地把她認為最好的全天候托育保姆介紹給我，但我從不考慮，除了離家太遠，更因為我完全無法想像自己親愛的寶貝二十四小時都得住在別人家裡。

白天已錯過和寶寶們的相處，那麼下了班之後的每一分每一秒都極其珍貴，我絕不願錯過他們每一天的成長與變化。同事問我為什麼這麼執著？我只有一句：「就是想我的寶寶啊！」

我想他們粉嫩的小臉、肥肥的小手、我迫不及待想要猛力吸聞每一個寶寶的奶娃香，我覺得在換尿布、洗澎澎、餵ㄋㄟㄋㄟ、講故事、躲咪咪……的瑣碎工作中，我渾身上下的細胞都在傻傻微笑。

再累、再忙、再分身乏術、再忍不住的抱怨，我都無法否認一股強大而獨特的幸福感灌滿了我的身心靈。

我慶幸憑我母性的直覺，在當時忙得焦頭爛額的職業婦女生涯中，我做到了如本書所說，每天必定在下班後給我的寶寶們珍貴的三小時，我因自己彷彿如談戀愛般思念著寶寶的奶娃香，而讓我這媽媽的氣味深遠又成功地植入孩子的心坎裡。

如今，我的三個孩子，有兩個都進入了所謂風暴的青春期，我看到他們如同所有按著生命軌道發展的青少年，再再發出強烈的自我主張，試圖拉出與父母之間的距離，但是，我明確知道身形早就超過於我的少年們，即使不是最優異頂尖的孩子，卻始終能帶著一份安定、滿足、信心、自尊，樂觀而不偏離正軌的大步前行。

我能預期他們的生命必有波瀾、必有孤寂，必有一定份量的苦頭要吃，但我不斷在這本書中看到我能大膽放心與放手的證據——因為擁有與飼育者我綿密、安全、穩固、溫暖、持續的深厚連結，所以始終能確認自己在世上的珍貴價值，而能生出源源不斷的力量以對抗迎面而來的挑戰與難關。

正如本書作者不斷強調的：「透過與養育者堅實的情感而向下扎『根』的心，孩子才能長出安定的情緒與好個性的『莖』，現在應該要伸出『枝葉』了，就是開始發展『思考力』的時候了。」

而根據馬斯洛的心理需求發展順序，人在最基本的生理、安全、愛與隸屬等需要完全被滿足之後，才可能順順利利地進一步發展「自我實現」的需求。

本書的作者是一位經驗豐富的諮商師，他舉了非常多的案例來證明缺乏安全、愛與歸屬的孩子，即使在智能上成功地發展了「數理腦」與「語文腦」，但是父母卻須以更多倍的心力才能平息成長中的驚滔駭浪，令人不勝唏噓。

孩子需要沾滿媽媽的氣味，那是每一個人從小到老心底的暖房，那是生命有恆的味道。一天陪伴三小時，到底魔力何在？效果有多神奇？這本書有極豐富精采的論述與案例！

彭菊仙

〔前言〕

幼時十年，讓一輩子都能幸福美滿

望著孩子熟睡後的開朗臉孔，是整日在工作崗位忙碌的爸媽的小確幸，就連孩子睡著後，也未能放下對孩子的關懷與擔憂。四處奔波的今天，還有過一會又得開始的明天，在這之間好不容易迎來的寂靜時光，心情才能進一步地變得澄澈。

這時也許會冒出一種平和的感慨：雖然學業成就和工作發展非常重要，但是如果孩子能這樣平穩順利地生活下去的話，就算哪一天我先離開了人世，也沒什麼好擔憂了吧……

但看見社會上發生的大大小小案件，這微小而平和的希望之火也會立即熄滅。如近幾年，韓國菁英學子接連結束自己生命的慘痛事件。韓國各領域菁英們聚集在韓國最大理工大學——韓國科學技術院ＫＡＩＳＴ，在過去的每一天，他們對抗各式各樣的誘惑，認真勤奮專注向學，最終好不容易抵達了目的地，成為母親心目中最優秀、最乖巧的他們，最後卻以自殺了結生命。

在這樣的時代氛圍下，我們所感受到的平和是真實的嗎？如果這是真實的，那麼這樣的平和又能夠持續多久呢？媽媽們的心中總是為了這些疑惑而感到惶惶不安。

在對於這些自殺的菁英學子感到憐憫、衝擊的感情之外，網路上掀起另一波反省聲浪：只有就讀名校的學生是學生嗎？還有更多的學生因為繳不出學費或生活艱困等原因而自殺，為什麼媒體及政府卻直到現在才發布馬後砲似的新聞報導呢？

是我們殺害了這些年輕人！是因為大人們偏差的價值及錯誤的行為所造成的社會弊病，使得這些脆弱的孩子們最終走向自殺的道路，只為了大學入學而努力的孩子們，其他部分的生活卻全面崩壞了。

在世界主要國家人均壽命超過七十五歲的今天，平均壽命的下限雖仍然停留在六十歲，而上限卻早已經超越了八十歲，我們孩子的平均壽命顯然是可能超過八十歲的，這表示在他們進入大學後，還有六十年漫長的人生得度過。然而，我們卻沒有成為引導他們走過漫長人生的船長，只鞭策他們成為學校中的傑出者，只要求他們專注於課業，只要能進入大學，就算個性糟糕也可以容忍，就算政府禁止深夜的補習班，也轉而以家教的權宜之計來克服。就這樣地，我們將孩子養育成只要遇到小小波浪就會翻覆的操舵手，更遑論我們將會比孩子更早離開人世！當孩子在我們的墳前泣訴著「媽媽，我丈夫劈腿了」、「我妻子離家出走了」、「我的孩子很讓人操心，請你告訴我該如何是好？」看見他們慌張無助的模樣，我們的靈魂恐怕永遠也無法安息吧？

更進一步的問題是——我們的孩子是否真的能夠完整享受到醫學發展所帶來的好處呢？在我們還是孩子的時候，盡情地追趕跑跳、認真學習，身體儲存了豐富的能量。然而，現在的孩子，無論成績好或不好、喜歡或不喜歡，都必須接受成績所帶給他們的壓力，並且將自身的能量反饋其上。

「就算累一點、熬夜也沒有關係，只要能夠進入明星學校！」你是不是也曾經對子女這麼說過呢？

在半徑五百公尺以內的距離，獵豹是世界上速度最快的動物，但在超過之後，便不顯得特別快，所以獵豹的狩獵行為必須要在五百公尺內結束才可以。名校的入學與否決定了所謂的價值，將所有一切賭在這的父母們，彷彿在如馬拉松似的人生長跑之中，只專注在那五百公尺的短跑。

我在精神科累積超過二十年的經歷，與人們的心理諮詢過程中，我發現某些孩子的人生會如骨牌般產生一連串失敗的兩個主要原因：

第一是爸媽並未將孩子養育成幸福的孩子，而僅是不會失敗的孩子。例如聚集韓國最優秀人才的江南地區被稱為「江南不敗」，並不是「江南成功」，這不過就是不會失敗，但卻無法保證絕對的成功。

第二則是由於無視於大腦的特性，而胡亂進行的教育方針。為了要將孩子養成不會失敗的孩子，在會走路、會說話之後，孩子就立刻被送進了教育現場。但在出生後的十年之內，比起其他的教育、學習與潛能開發，最重要的其實是以爸媽的氣味與溫度，讓孩子的情緒得以安定的情感時期。

人類的大腦可以區分為三個不同的構造，第一層為專責維持呼吸、體溫等存活機能的腦幹，第二層是負責喜怒哀樂等情緒及欲望的邊緣系統（limbic system），最外層則是進行思想、判斷及調控衝動的大腦皮質。

自媽媽體內出生之前，孩子已經完成專責存活機能的第一層，接下來的十五至二十年之間，則是需要繼續構築第二層，只有在第一層及第二層都穩固紮實地構築之後，接下來才能穩穩地向上進行第三層的知性工程。不論是隨意地完成第一層及第二層的建築，或是完全沒有進行前兩層的建築，就性急地展開浩大的第三層工事，總有一天，這房子絕對會崩塌的！在情緒尚未安定的狀態之下，持續給予知性的刺激，就像是在塑料骨架上蓋房子一樣。各位讀者，試問，你們會希望生活在這樣的房子裡嗎？但是，我們這些做父母的，卻為孩子們建造了這樣的房子，我們藉著教育為我們所愛的孩子們，建造出這樣沒有地基的房子。

希望孩子能一直幸福到八十歲的話，幼時十年就必須好好度過。有句俗諺說：「好的開始是成功的一半」，但事實上，開始幾乎就佔90％了！如果將「20％的人口掌握了社會80％的財富」的帕雷托法則（Pareto Prinple）適用於養育方面，幼時十年是可以左右爾後七十年成功與否的重要關鍵。在這裡，並不是指知性的刺激，而是以情緒上的安定為最優先。在十歲之前，請創造讓孩子願意自己讀書的環境，此外不需要特別逼迫孩子去讀書。

讓孩子感覺到幸福童年的滋味吧！如果你問我，是不是只要幼時安定，就能保障學業的順利？我會給你肯定的答覆，只要能感受到幸福、並安定成長的孩子，自然而然會感覺到尊重的需要，及自我實現的需要。

美國的心理學者馬斯洛（Abraham Maslow）認為，自我實現是與飲食、睡眠、穿著及被愛同等的人類先天性的需要，只是自我實現的需要層次較高，所以在低層次的生命、安全及愛的需要被滿足之前，是很難被察覺的。

在生命、安全及愛的需求在某一程度被滿足之後，孩子就可以自然而然地感覺到自我實現的需要。對於這些孩子而言，就會產生「我應該要讀書」的想法，有時候也會擁有「我應該要努力讀書」的動機，因為不是被強求而產生的動機，當然會伴隨著自發性的喜悅、好奇心及創造力。

孩子開始感覺到幸福感的時期，大約是從三歲開始，然而，媽媽們卻接受了「三歲應該要正式投入教育現場」的既有概念。根據行政院主計處於二〇一三年所做的調查指出，台灣小孩在未滿三歲前，有45%是父母親自養育，而交由私立幼兒園托育的則有40%；韓國在二〇一一年七月號的周刊新聞內容指出，三歲以下的孩子中，有66%正就讀幼兒園，而其中84%是在三歲之前就已經進入幼兒園；而在英國及德國等先進國家中，三歲以下的孩子約有70%的比率是由媽媽親自養育。如果說，在亞洲讓三歲以下的孩子進入幼兒園的比例較高的理由，是為了成為先進國家，那麼，成了先進國家之後，這個比例會降低嗎？但如果孩子的幸福就這麼被摧毀的話，又是誰要來負責任呢？如果惟有讓孩子不幸福才能晉身先進國家的話，那麼這個先進國家實在也不怎麼樣。

失去了一定要有爸媽完整照料的幼年期的孩子，他們並不懂得天堂的滋味。對於感覺不到幸福、甚至不懂得何謂幸福的孩子而言，他們尚未擁有能為未來進行準備的心思，所以也只能持續掙扎著，讓爸媽更加費神。孩子雖然相信著「只要進入名校就會變得幸福」，然而在入學之後的未來，卻仍然得因為更加激烈狹窄的求學及就業競爭而受罪，對於他們而言，幸福究竟什麼時候才會來臨呢？

以韓國而言，青年自殺率為世界第一，就連在爸媽的保護下都感覺不到幸福，而不知道何時才會來臨的幸福未來卻又模糊不清，單方面要他們為了獲得幸福而努力，所有無力只能不斷累積。在這個只評價成績的世界裡，存在他們心裡的憂鬱、反抗及暴力無處排遣，憂鬱的孩子成為憂鬱的大人，不安地結了婚，接著不安地養育孩子，這樣環環相扣之後，只為了子女的入學考試而死命地工作的我們，老後生活真的會是玫瑰色的嗎？在這樣不安中成長的孩子，會不會對爸媽持續抱持著復仇的心情呢？其實我們也不需著眼未來，目前韓國的老人自殺率是世界第一名，而台灣則是逐年攀升中。

對於三歲起就被驅趕進入教育現場的孩子而言，請將他們幸福又安定的幼年時光交還給他們，並將他們教育成為幸福人生的主人吧！這個孩子不僅是我的分身，更是我自己，找回孩子的幸福，以及對我的正確親情，我們才能幸福地生活在一起。

李賢秀

目次

Chapter 2
孩子所需的媽媽氣味，一天至少三小時

Chapter 3
為了獲得小利益，而失去的大利益

Chapter 4
現在的我，做的夠好嗎？

Chapter 5

儘管如此，正確解答依然是媽媽

孩子出生後三年，依然持續的懷胎期

母與子是從在媽媽的肚子裡就擁有緊密關係的夢幻搭檔，孩子只有在聞到滿滿的熟悉氣味後，才能不疾不徐、不慌不忙地成長發展。雖然媽媽在孩子出生之後，也會迫不及待想與其他好朋友手勾著手去喝杯啤酒，但是很遺憾地，媽媽和孩子之間的搭檔契約，至少需要三年。

在懷了第一個孩子之後，我曾為了孩子出生後應該交給誰來照顧而苦惱，偶然地在電視節目《動物王國》中看見，才剛剛自媽媽肚子中出生的長頸鹿寶寶可以立刻走路的模樣，真是讓我大吃一驚！既然連長頸鹿都可以做到，那身為萬物之靈的人類為什麼做不到呢？這樣的話直接就可以託付給幼兒園了啊！

然而，驚人的事實並不僅僅只有這樣。

孩子出生後，對孩子的所有美好幻想全都瀕臨崩潰的狀況下，我忙得不可開交，如果說懷孕是幸福的盡頭及苦難的開始的話，那麼孩子出生之後，便是苦難的終點及地獄的起點了。坐月子期間，別說是調理母親身體，為了每兩個小時哭著醒來的孩子，不僅連正常睡眠都被剝奪，連飯也很難好好吃。每到了保姆下班的夜晚，就是我恐懼的開始。因為作息顛倒的孩子，白天很幸福的我，晚上卻顯得非常的悲傷和疲勞，甚至出現了急性躁鬱症的徵狀。

面對既不正眼瞧我、也不聽我的話，只是嘴巴鼻孔一張一合的孩子，每個晚上我總是對他訴苦說：「你怎麼了？你可是整個地球最有智慧的生物體，拜託你打起精神吧！我這麼努力地進行胎教，那些胎教都去哪裡了？」這並不僅僅是因為睡不著覺才跟一個新生兒訴苦，是我感覺到我的人生似乎就要為了這個毫不受控制的孩子而毀了，而開始對於自己怎麼會生出這樣的孩子的自嘲罷了。

在那個時候，我無視了孩子的發展。人類的孩子並不像長頸鹿寶寶一樣，不僅在出生之後無法立刻開始行走，甚至需要花費半年到一年的時間，才能自行進食、睡眠、翻身、坐立，又要花些時間才能站起身，這都是因為人類擁有比長頸鹿複雜了數千倍的大腦，而大腦更需要花費時間才能發展完全。這樣的事實，我費了許多時間才理解。長頸鹿寶寶在出生之後，只要可以走走跳跳，並且可以吃到位於高處的食物即可（當然，聽到這些話的生物演化學學者一定會認為我非常無知），但是人類的大腦則是必須要發展到能使用各種道具，以及能形成社會性的關係為止，為了要完成大腦的完整發展，也為了要保護大腦，所以才會讓人類的新生兒不僅不能走走跳跳，甚至必須要在床上躺好長一段時間。

因此正確來說，所謂的懷胎期其實是從孩子出生那一刻起的三年。為了要讓我體認到這個事實，孩子讓我吃了很多苦，這是他正在傳達「在三年之後，我就會長成讓人覺得迥然不同的好孩子，所以，媽媽妳不要想太多，只要安全地守護著我」的訊息，如果他們能夠用言語告知的話，我們也就能夠立刻理解，但因為他們用以正確解讀爸媽語言的大腦尚未開始發展，所以也只能以哭鬧聲告知我們。

現在，我就要告訴大家，孩子們懷抱著被媽媽埋怨的覺悟，以全身表現出來的語言，如果我們不能理解孩子所要表達的意思，那麼不論做了多少的胎教，都是無濟於事的！請各位一定要仔細聆聽。

1. 我的孩子就是鑽石

孩子的大腦在出生之後才會完全發展

孩子是和寶石中最為昂貴的鑽石等值的存在，但甫出生的孩子比較類似煤炭，雖然擁有成為鑽石的條件，但是他們究竟會成為鑽石或維持為煤炭，卻會由於媽媽的教養工序而有所不同。也就是說，孩子的命運就操控在媽媽的手中。

人類的大腦中有一千億個神經細胞（neuron），而其周邊又環繞著可以供給神經細胞足夠養分的一兆個補助細胞——膠質細胞（gliacyte），這兩種細胞的總和超過一千兆個，比起整個銀河界的恆星及行星還要更大的數目，而孩子大腦內所裝載的無數情報如果要儲藏在外部容器，就至少需要一百萬拍位元數（ＰＢ）的儲存空間，一百萬ＰＢ的儲存容量等同於十七萬四千張容量６ＧＢ的ＤＶＤ，這是一個連想像都很困難的巨大容量。雖然我們無法將孩子的價值換算為金錢，但是為了幫助各位了解，我們把一個神經細胞當作是一元來計算的話，孩子的大腦價值就已經超過一千億元了。

各位如果擁有價值超過一千億元的耀眼鑽石，感覺如何呢？一定是連離開家門都覺得困難吧？想必會將鑽石放進機密金庫珍藏，就算偶爾外出，回家之後勢必也是優先打開金庫，確認放在裡面的鑽石是否安好吧？就算不是價值一千億元的鑽石，換成幾百萬元的名牌包，也會因為擔心沾上髒汙而緊張兮兮吧？但是，比起名牌包還要珍貴上百倍的孩子，我們是怎麼對待他的呢？

看看來自我們體內的鑽石教養工序吧！

- 結束產假之後，將孩子交託給其他人，為了要賺取生活費，每天晚上超過九點才再次見到孩子。
- 孩子會走路之後，送到幼兒園。
- 孩子兩歲之後，請家教老師來教導數字注音。
- 孩子四歲以後，希望孩子可以盡早習慣英語，送到雙語幼兒園，如果沒有多餘預算，便從兩歲開始整天撥放英語錄音帶、看英語節目。
- 孩子八歲之後，將孩子送到明星學校，開始累積他的學業成績。

● 孩子十歲之後，為了要讓孩子站上英語發音的頂點，送他出國當小留學生。
● 孩子十二歲之後的六年之間，每天不論是日出或是日落，只要求孩子念書。
● 一邊讓價值超過一千億元的孩子孤零零地吃一碗玉米片，一邊在趕著上班的時候不忘威脅孩子「如果補習班遲到的話就死定了」

雖然我們知道孩子的人生會因為媽媽而有所不同，但是，卻仍然有許多媽媽只是推著孩子的背，逼迫他們提早進入教育現場，這樣的工序真的沒有問題嗎？這樣做的話，他們真的能變身成為鑽石嗎？這樣而成為鑽石的名校資優生又為什麼會結束寶貴的生命呢？究竟問題是出在哪裡？

在女兒開始學習英文的時候，我曾經要她寫下「b」，多數孩子一定會有寫成「d」的時候，這時候，如果爸媽有耐心地慢慢指導，孩子一定能正確寫出「b」。這類小事必定時常發生，但如果爸媽毫不在意，或一味與其他孩子進行比較而嚴厲責備他；或矯枉過正地逼迫他進行過度的學習，這樣一來，孩子將可能產生偏差。這時期孩子的代表性症狀多半為缺乏興趣、害怕、反抗、頂嘴等等，而部分孩子的身上可以看見過敏、氣喘、落髮等身體上的症狀。如果對於這些症狀置之不理，那麼孩子就有可能成為問題兒童，而當真正發生了嚴重的行為缺失，再帶來醫院進行身心診療，通常也已是症狀出現後的幾年了。一旦發現孩子出現上述症狀時，爸媽就應該立即介入，大部分問題行為都是可以解決的。當然，最好的作法是從一開始就帶領孩子走向正確的道路，根據孩子的年齡，真誠地付出適切的關心。

適當的關心及介入，就能讓比一千億的遺產還要珍貴的孩子幸福地成長，關心不是以一次付清的方式給予孩子，而是要在二十年內慢慢分期付款的。就算爸媽曾經有過錯誤的行為，透過關心仍然可以恢復親情。只是，一年的錯誤行為，恢復期可能會拉長為兩年；而兩年的錯誤行為，恢復期可能會延長為四年；至於三年的錯誤行為，可能會需要八年的恢復期，以等比級數的方式拉長時間。

生命鑽石的工序與長期複利投資的概念是相似的，假設在連續三十年之間，每個月儲蓄一萬台幣，如果以10%的單利計算，只有三百九十六萬台幣，不過，如果以複利來計算，就會是兩千六百萬台幣，再過個十年就會成長為六千四百萬台幣這個巨大的金額，這就真可稱為錢滾錢了。在明明知道這個驚人的事實，許多人卻沒有進行投資的理由是：每個月儲蓄一萬台幣，還得要連續儲蓄三十年，這並不是一件容易的事情，必須要擁有堅定的心志，並且戰勝所有的誘惑，才能撐過這漫長的三十年。養育孩子也是如此，雖然很辛苦，但是只要願意抽出時間，投入親情，在接受了親情、時間投資的孩子，也會計畫起自己的人生。以「金錢」形式遺留的遺產，能夠養活孩子幾年；**以「時間及心意」形式遺留的遺產，則是能讓孩子一輩子都感到幸福。**

如同先前所說的，在出生之後三年，孩子的大腦才能發育完成，為什麼孩子的大腦不在媽媽體內就發育完成呢？這是因為以大腦發育完成狀態下出生的孩子，大腦的體積過於龐大，會難以自媽媽狹小的子宮及產道中出生。而帶著基本構造及功能的大腦出生的孩子，他們的大腦會在出生之後因應環境進行重新排列組合，並且以極快的速度加速成長。根據孩子是在日本經營柑橘農場的田中家出生，或是在台灣經營餐廳的黃家出生，他們的言語及行為都會有所不同。如果在出生之時就因為無可避免的原因而被養父母領養，那麼孩子的言行舉止也會適應養父母而有所不同。如果日本的媽媽肚子中的孩子，因為對於在台灣旅行的印象太過美好，而在出生之後講了台灣話，那麼一定會被爸爸懷疑這究竟是誰家的小孩。

雖然人類在出生時都具有類似的大腦構造，卻會在瞭解自己的爸媽是怎樣的人、是不是值得信任的人、喜歡或討厭些什麼之後，設置與這個家庭相符合的軟體，並且使自己的大腦適應這個家庭而發展，能知道媽媽是媽媽，能對爸爸叫爸爸，甚至能瞭解自己究竟是生於怎樣的家庭，直到孩子的大腦擁有自我知覺，最少也得費時三年的時間。

也就是因為如此，與其他動物不同，人類的誕生並不是以自媽媽肚子中出生作為結束，為了通過媽媽狹窄的產道，孩子的大腦體積是小的，也就是處於尚未發育完成的狀態，孩子的大腦一半是在媽媽的肚子之中發育完成，而另一半則是在出生之後才發育完成的，這也是為什麼生產後的三年仍然是重要懷胎期的理由。

孩子出生之後三年，依然持續的懷胎期

在這個時期，孩子為了要發展自己的大腦以適應父母及世界，需要能專注對待自己、保護自己的對象。因此，如果在三歲以前將孩子放置在幼兒園等共同養育機構中

過長的時間，是很危險的，**共同養育機構並不是只提供單一孩子親情的地方，而是將注意力平均分配給許多孩子的地方。**

世界知名兒童心理學者史提夫・畢度夫（Steve Biddulph）在英國等先進國家所進行的調查指出──**兒童教育機關中的老師，在一天之內，能給予一個孩子的時間不過只有八分鐘。**這是多麼令人驚愕的研究結果啊！而在二〇〇四年英國ＢＢＣ電視台的節目更播出了幼兒園日常生活的祕密取材影片，看過這部影片的爸媽，在最初十分鐘還能時不時地笑著，但是在那之後便會變得茫然吃驚，這是因為對於幼兒園中單調又機械式的生活、給予自己的孩子約十分鐘注意力的幼兒園老師等惡劣環境感到驚愕。

從早上九點到下午五點，孩子一天待在幼兒園的時間足足有四百八十分鐘，但是幼兒園老師一天中能將注意力投射在我孩子的時間竟然不過八分鐘！也就是說，其餘的四百七十二分鐘，孩子都是孤單的。而這些時間裡，孩子在做什麼呢？假設在家裡與媽媽一同度過的孩子，媽媽大約每十分鐘關注孩子一次，在一天之中，孩子與世界溝通的次數至少還能達到五十次；而在幼兒園中的孩子，一天卻只與世界溝通十二次，這樣的差異，真的不會出問題嗎？

二〇一〇年年底，韓國政府公布了長時托育的二十四小時幼兒園的數目將要增加的消息，雖然以經濟學來看，這確實是一個相當親切的提案，但是以人類真正的幸福來看，這就像是裝滿了毒酒的聖杯。被託付在夜間養育機構直到晚上十點的三歲以下孩子，是會漸漸染上疾病的。孩子的體力無法支撐到晚上十點，也就是說，大部分的孩子是在睡著狀態下回到家中，而在隔天一早，還沒有來得及見到爸媽的臉，就又得被送到養育機構。日復一日、年復一年，孩子的心裡找不到一個足以託付的對象，便會將心門關閉，無法以言語表現的心理問題，稍不注意便會導致疾病的發生。

孩子剛滿周歲時，爸爸剛創業，由於傾注了所有資金，為了擴張事業，並節省資金，妻子也一同幫忙公司業務。白天時，孩子交給奶奶代為照顧，而晚歸的媽媽則是因為做飯、打掃、照顧四歲大的姊姊等工作而忙得不可開交，無法對這個孩子表示關心。孩子雖然總纏著剛下班的媽媽，但是身心俱疲的媽媽卻拒絕了孩子，發了好大的脾氣要孩子回去睡覺。雪上加霜的是在一年之後，奶奶因故無法繼續照顧孩子，於是爸媽便將才二十六個月的孩子託付給社區所營運的幼兒園。爸媽多付了費用，讓孩子在幼兒園待到晚上九點，園長理所當然地告知爸媽會讓孩子用完晚餐，並且哄孩子睡覺，請爸媽不要感到負擔，在那之後，雖然孩子仍然會纏著晚歸的媽媽，而疲倦的媽媽依然是大聲地將孩子趕走。這樣的狀況大約持續了三、四個月，在將孩子託付給幼兒園後約四個月的時間後，孩子纏人的行為漸漸消失，爸媽以為孩子變成熟了，還以為將孩子送到幼兒園的決定是正確的。

在經過六個月後的某一天，下班的媽媽來到幼兒園，雖然叫了孩子的名字，要將孩子帶回家，但是孩子卻依然看著影片，對媽媽看也不看一眼，對上眼也是失焦的眼神。在那一天之後，孩子既不笑也不說話了，已經無法進行正常的溝通。感覺不對勁的爸媽，急忙將孩子送到兒童精神科的時候，醫生已經診斷為自閉症。而在此時，他們才自幼兒園園長口中聽見更驚人的事實——孩子從一開始就非常難帶，每天總是不停哭泣，就連飯也不肯好好吃，只要找媽媽，並且與其他小朋友完全無法相處，只有在看影片的時候才能安靜。所以只好讓他多看影片，特別是晚餐時間，園長必須照顧自己的家庭，孩子又無法控制，所以在孩子見到媽媽前的三個小時時間，都是在看影片的。

自閉症很難界定為單一原因所導致，到目前為止，**遺傳性異常**、**大腦問題**、**家庭環境問題等都被指稱為是導致自閉症的原因**，但是在三十個月前還很正常的孩子，還會纏著媽媽要一起玩耍、能強烈表達自己意思的孩子，某一天卻出現自閉症的跡象，那麼原因就一定是後天環境的影響。爸媽為了孩子的未來而努力地賺著錢，但是為了賺錢，卻在孩子需要自己的時候，無法投資足夠的親情及時間，最終導致的結果就是這麼可怕的代價。

在現在的社會中，就算不是極為貧困的家庭，為了賺取更多的金錢，而將孩子置之不理的例子實在太多了。

在某個意義來說，幼兒園園長本身也是媽媽，當自己的孩子在等待媽媽時，卻因為無法回家的孩子，而導致自己家中的氣氛一團亂，理所當然地也會感到身心俱疲。雖然讓未滿三歲的孩子每天看超過三小時影片的行為確實失當，但是各位能確定這樣的事件不會再發生在任何一間養育機構之中嗎？

爸媽將孩子交付給其他人，在這段時間裡努力賺錢，只為了獲得更好的生活；而被交付他人孩子的爸媽，則是透過照顧這個孩子以獲得更多的金錢，進而獲得更好的生活。但是，這樣的行為反而使我們距離幸福更加遙遠！這就是因為我們只將懷胎十月看成是孩子唯一的懷胎期之故。

美國神經工程學者約翰・梅迪納（John J. Medina）博士的著作《讓大腦自由》（*Brain Rules*）之中，描述所有孩子在出生時都貼著「請組裝我」的標籤，媽媽們為了這些必須經過組裝才完整的孩子而忙得焦頭爛額的確是事實，但是在賦予孩子足夠關心之後，不足三歲的孩子也會知道媽媽就是自己絕對必要的存在對象。

「孩子在出生之後三年，依然持續著懷胎期」，瞭解這個事實就是所有養育的基礎。如果你問我為什麼懷胎期會這麼漫長，我想要這麼回答你：「首先，請你直接去問造物主；其次，這是孩子為了不要讓你的產道炸開而做出的妥協；最後，你過去也是讓你母親這麼辛苦的。」

爸媽需要的是金錢，孩子需要的是時間

在剛剛得知懷孕的消息時，你的第一個想法是什麼？大部分爸媽的想法都是「得

多賺點錢」吧？許多爸媽都會陷入「這個孩子會不會是天才呢？就算不是天才，只要能夠讀好書，進入好學校，找個好工作，揚名四海後，再好好回報我們的恩惠……」等既理想又現實的空想之中，並且像是觀賞電影似地仔細演示了孩子的人生——五歲時進入雙語幼兒園、八歲時進入私立國小、當個小留學生、進入明星高中、進入明星大學。因此，實在應該好好努力賺錢。

想為孩子做更多，因此想要賺更多錢的心情，其實是非常正確的。但是問題在於對還是孩子的他們來說，並無法理解親情、關心、陪伴如何以金錢換算，對他們來說，金錢與親情並不是相等的。

當然，如果對個十歲孩子問說：「要媽媽抱抱你，還是給你一百元？」這時候孩子是會猶豫的。這年齡的他們已經知道金錢的概念，只是怕媽媽會失望，而裝作猶豫罷了，事實上他們心中已經有了想法。在過了十歲之後，孩子就能瞭解金錢的價值，而到了國中時期，他們已能進行金錢交易。但是，也僅止於此，孩子仍然無法放棄爸媽的親情，雖然也會期盼爸爸是社長、媽媽是院長，但是他們仍然覺得爸媽與我長時間的相處是理所當然的。

而更小一點的孩子會覺得：就算爸媽不是社長、院長，只要能常常陪伴自己的就是好爸爸、好媽媽；比起無法帶自己去遊樂園的社長爸媽，更加渴望可以常常帶自己去遊樂園的無業爸媽。**爸媽的親情表現是金錢的給予，但是孩子想要的卻是能夠感受到親情的時間。**

如果打算要生孩子，首先就該優先考慮「如何才能多陪伴孩子」，對於養育孩子而言，「時間就是金錢」是真理。如果是雙薪家庭的話，在孩子出生之前，就應該要相互協調如何調整工作時間，並且在週末時盡可能與孩子一起度過。而對於升遷或是加薪等念頭，在孩子三歲前也應該要先壓抑下來。就算幸運地擁有能全力養育孩子的幫手，至少在晚餐時間，爸媽之中也應該要有一人和孩子一起度過。只投注金錢在孩子身上，是無法掌握孩子認知狀態所做的愚蠢行為，並會導致極為悲慘的後果。請將時間投注在孩子身上，同時必須在孩子年幼時進行，這就是所謂的關鍵期（critical period），只有在這段期間內接收爸媽所投資的關愛的孩子，才能正常的成長。

比起同儕體格更為矮小的四歲孩子，因為出現不太說話、注意力散漫、不與人對視等症狀而來到醫院進行診療。雖然在出生之後走過了正常的發展過程，但是就在滿周歲之後，八歲大的哥哥被診斷出罹患兒童白血病，在得知兒子病情之後，整個家族籠罩在衝擊之下，無法好好地照顧這個孩子。爸爸因為痛苦的心情而每天沉溺在酒精之中，為了照料哥哥而身心俱疲的媽媽只對這個孩子感到厭煩，甚至常常會打他，或是將他託付給其他人，就算待在家裡，媽媽也不曾為他唸過一本書。雖然正常地出生了，卻因為在決定性的時期無法接受到爸爸、媽媽的親情，這個孩子的身體、心理、認知及體能等各領域都出現問題，脫離正常的發展過程。

在關鍵期遇見的人就像是陷入了命運般的愛情，對於孩子而言，媽媽成為自己的初戀，對於媽媽而言，孩子就是自己的理想對象。發展心理學者康拉德・洛倫茲（Konrad Lorenz）所提出的「銘印」就是在這個時期形成的。洛倫茲看見新生小鴨第一眼見到誰就會緊緊跟隨那人的現象，而提出了在這個時期對於養育者所形成的「心理連接環」的概念。「銘印」是連接世界的第一個環，也是光溜溜出生的孩子與這個世界所進行的第一次接觸，因此，在形成銘印的關鍵期之中，我們更應該盡可能地投資更多時間陪伴孩子安定成長。

如果孩子聽不進爸媽的話，這就是因為在出生之後三年，孩子與爸媽相處的時間不足，而沒有將爸媽當作銘印對象的關係，這是我累積二十多年的臨床經驗所提出的自信理論，這個世界上並沒有下定決心不要聽旁人說話而出生的孩子。孩子在幼年期需要爸媽，而在接受了爸媽所投資的親情及時間之後，在他們開始摸索自己的未來時，爸媽才應該對他們投資金錢，只有這樣，才能帶給他們最好的未來。

那麼，在為了孩子而空出的時間裡，我們又應該要做些什麼呢？研磨出有生命的鑽石的祕密武器就是——媽媽的氣味及溫度。

2. 孩子利用氣味使媽媽形成銘印

就算只是枕頭，也給孩子一個媽媽枕頭

新生小鴨在出生之後，就立刻會走路，所以才能跟著第一眼看見的人，並且形成銘印。那麼，大腦尚未發展完全而必須一直躺著的人類孩子，又應該怎麼使媽媽形成銘印呢？孩子必須要在出生之後三至四個月，才能以他們的視覺及觸覺正確地辨識出媽媽，而在這之前，能夠使媽媽形成銘印的祕密，就在於媽媽的氣味。

嗅覺是人類所擁有的能力之中，能維持最長一段時間的感官，並且是由三百四十七個感覺神經元共同形成，是生命體的原始知覺。人類統合了感覺及知覺、運動及技術、思考能力、想像能力、語言能力等，並擁有高階、發達的大腦皮質，雖然嗅覺相對於其他感官並不是最為重要的，但卻是不可或缺的。**嗅覺會成為「安全」的信號**，只有安全了，才能好好吃飯、好好排泄、好好讀書，進而經營自己的命運。而這樣的安全感，其基礎就是氣味及溫度。

我女兒從小時候起，心情好的時候就會一邊抱著我的手臂，一邊聞著我說：「媽媽的味道最棒了！」而在心情不好的時候，也會默默地鑽入我的懷抱裡，緊緊依著我。雖然這樣的行為在小學五年級後減少了許多，但是在開學前一天或是考試前一天，當她感到緊張而無法入睡的時候，必定會拿著我的枕頭到她的房間。她說：「只要將鼻子埋在媽媽的枕頭中，聞到媽媽的味道，就可以好好睡覺。」雖然在兒子身上看不到這樣的行為，但是每到年節時分，孩子常往來於爺爺奶奶家及外公外婆家之間，不能經常看到媽媽的臉，在連假的最後一個晚上，兒子一定會來到我的身旁偷偷地躺下，並且轉身倚著我，以手臂圈住我，感染媽媽的氣味之後才回到自己的房間。這是在收到了紅包、度過了開心的年假之後，為了抑制自己不太安定的心情，也為了消除隔天就要上學的壓力感，才會來到媽媽的身旁尋求心靈的安定。人們在講到媽媽的氣味時，一定會異口同聲地提到小時候的畫面——想念媽媽的時候，一手緊緊抓著媽媽的衣服，聞著衣服上的味道。

在媽媽肚子中，由溫暖的羊水所保護的孩子，在出生之後，仍然藉由媽媽的氣味及溫度來維持自己被保護的感覺，這是因為人類的懷胎期是在出生之後仍持續三年的緣故。

媽媽的氣味能帶來幸福的荷爾蒙

那麼，氣味為什麼這麼重要呢？這是因為氣味能夠召喚記憶，而擁有記憶才能進行判斷的緣故。氣味在通過位於雙眼之間的嗅覺細胞後，經過感覺中繼站的視丘（thalamus）及杏仁體（amygdaloid body）之後，抵達用以決定思考、位於大腦前半部的眼窩額葉。感知到味道之後，會藉由視丘及海馬迴（hippocampus）回想正面或負面的情緒經驗，最後才藉由前額葉進行最終統合的判斷。

孩子是這麼想的：「啊，這個是媽媽的味道，真好，現在我可以安心了，那麼來做點正事吧！只要安心了，不僅可以喝奶，也可以動動我的手腳，今天要不要試著翻個身呢？既然翻身也很安全的話，那麼我下次要做什麼呢？要盡情地玩吧！」

比起其他感覺，接收了重要氣味的嗅覺，能以最快的速度傳達到大腦。視覺細胞受到眼角膜的保護，而聽覺細胞受到鼓膜的保護，但嗅覺卻可以在接收的瞬間就立刻進行傳達！在先前介紹過的梅迪納也曾提出過「阻擋嗅覺的東西不過就如鼻屎般的大小罷了」。

孩子的嗅覺能力非常了不起。女兒在小學三年級的時候，曾經自衣櫥中翻出表姊三年前給她的衣服，三年之間與其他的衣服混在一起的這件衣服，女兒穿上後立刻一個勁地說這是表姊的衣服，說是衣服上有表姊的味道。

近年來，研究遺傳與犯罪關聯性的犯罪心理學者曾提出「親生父母為犯罪者的孩子，未來犯罪的比率較親生父母非犯罪者的孩子更高」的研究結果，並提出「這些孩子的特徵為先天缺乏有幸福荷爾蒙之稱的血清素（serotonin）」的假說，以及「如果更進一步尋找血清素分泌量較低的孩子，並且對他們注射血清素，以提升體內血清素含量，是不是可以降低犯罪率」的假設。但是，事實上問題並不如他們所想的這麼單純，這是因為血清素分泌量低並不僅僅是先天上遺傳所造成的結果。就算這些孩子接受了血清素注射，卻由對他們毫無關心、且不親切的爸媽所扶養，注射的效果仍然是會回歸原點。荷爾蒙的分泌會隨著身體及心理的狀態而有所改變，所以，不曾接收親情的孩子，他們體內幸福荷爾蒙的分泌量才會減少或是完全被抑制。讓我再次重申：**不論是不曾感受過爸媽的氣味與溫度，或者爸媽雖然健在，卻只給予孩子缺乏親情的疏離感，這樣的孩子未來成為犯罪者的可能性是比較高的。**

就如同毛毛蟲惟有在成為蛹的過渡期時受到充分地保護，才能羽化成為漂亮的蝴蝶一樣，孩子惟有在一定的時間內感受著媽媽的氣味，並且在安樂的環境中受到照顧，才能成為真正健全的人類。但現在我們卻無視孩子的過渡時期，導致孩子在過渡期間無法充分感受媽媽的存在，而染上親情缺乏症，最終成長為畸形蝴蝶——出口總是髒話、以暴力解決事情、傷害自己與他人。這都是因為感覺不到爸媽的疼愛，感覺不到師長的關愛。

究竟是誰生下了這樣的畸形蝴蝶？又是誰讓這樣的畸形蝴蝶成長的呢？絕對沒有任何一個孩子在出生時就是這樣的性格，是我們大人造成的！是因為我們不給他們足夠的親情及時間，又逼迫他們應該隨意地、急迫地破蛹而出。在成為蝴蝶的那一瞬間，剝奪他自由飛翔天際、盡情吸允花蜜的權利，不告訴他成為蝴蝶之後的幸福，只是嚴厲驅趕要他成為蝴蝶。只要能夠進入名校，就等同於成為蝴蝶，而這樣的蝴蝶會不會在幾個月之後，因為精神混亂而親手將自己的羽翼折斷呢？

媽媽氣味是一百分，奶奶的氣味只有五十分

如果你希望孩子能夠真正地獲得幸福及成功，就應該要讓他充分感受到親情的味道，而這個味道來源當然是指爸媽。奶奶的味道與孩子的合適度只有五十分，這可以使用遺傳學來加以解釋。現在讓我來出一個簡單的數學問題，**如果以一百分的媽媽味道，花費三年時間可以讓孩子獲得情緒上的安定，那麼如果是只有五十分的奶奶味道，又需要耗費多少時間呢？**

在人類世界之中，數學問題常常會演變為哲學問題。雖然經過計算可以獲得「六年時間」的答案，但是事實上正確答案卻是「誰也不知道！」根據奶奶的個性及與孩子的協調度，可能會花費四年，也有可能得花費八年。奶奶尚且如此，更遑論是與孩子完全沒有血緣關係的保姆呢？讓孩子感到不安的可能性極高，就算如此，孩子為了繼續活下去，依然會嘗試儲藏及記憶這個味道，並且打定主意要從中獲得安定。最為嚴重的問題則是——每三個月、六個月更換保姆時，孩子將會一點一點地失去燈塔，最終只能在茫茫大海中漂流。

就算只有五十分的血緣關係，如果能持續地由奶奶扶養，孩子當然可以安定地成

長，但是仍然請你記得一個殘酷的事實——奶奶通常會比媽媽更早離世，在孩子的心智足夠成熟之前，如果奶奶過世了，或是因故而無法一起生活，孩子等同於失去一直以來託付心情的對象，而可能會陷入不安及混亂之中。儘管這樣的混亂大部分只是短期的障礙，但是有些時候也會導致嚴重的後果。

明宇的媽媽在產假結束之後，就將孩子託付給住在附近的外婆，並且順利地回到了工作崗位。因為明宇的個性溫順又聰明，外婆照顧地很輕鬆，於是明宇的媽媽就連與明宇相差三歲的弟弟也一併託付給了外婆，而自己則是全心全意地在職場衝刺，不僅能力被公司認定，也持續地升遷。成績好的明宇，若無意外應該可以進入升學高中，接著就讀明星大學，最終成為社會上的菁英份子。但是，在明宇高中二年級的時候，外婆因為一場疾病，被送進了療養院，而弟弟被送往國外求學，他開始獨自用餐的生活，這時他開始表達自己的孤單，也不再認真讀書了。

但因為忙碌的工作，媽媽並沒有認真地傾聽孩子的聲音，而問題就這麼悄悄地產生了。無法繼續忍受孤單的明宇，在放學之後，總會將朋友帶回公寓，而鄰居們則開始有了「公寓周遭出現了菸蒂」、「音樂聲音太大了」等抱怨，和朋友一同煮了泡麵而弄得亂七八糟的廚房，下班後回到家裡的媽媽只好每天花費時間進行清理，就算責備他，也依然故我，甚至連成績都大幅下滑的兒子，爸爸第一次對兒子進行了體罰。反抗心變得更為嚴重的明宇，在朋友們偷摩托車的時候，因為在一旁幫忙把風而被帶進警察局。在事情爆發之後，就連學校的朋友也將他視為異類，於是他開始拒絕上學，在學校所進行的團體心理測驗中，明宇被診斷出有極高的憂鬱指標，他甚至曾試圖自殺，於是爸媽才急急忙忙地將他帶往精神科。

僅僅是短短的四個月，就發生了這所有的事情，明宇在出生後的十三年間一直擁有平靜的家庭生活，但是這樣平靜的生活卻不是真正的平靜，這是因為血緣關係只有五十分的奶奶味道，並無法完全滿足孩子一百分的要求。尤其是在適應了這五十分的味道之後，卻連這五十分的味道都消失的狀況下，潛藏在內心的失落感一擁而上，不知道該如何消除這感覺的孩子，為了忘記這種心情，只能努力地將其抹除，而最終導致在孩子身上看到的問題行為。明宇會與朋友們廝混、一起煮泡麵、甚至一同去偷竊摩托車，就是因為在這些行為之後，自己可以不再感覺到失落、孤單的感覺。

曾經有連續殺人犯這麼說過：「至少在殺死某人的時候，我能感覺到自己確實存在的，也能在這一瞬間感覺我並不是孤單的……」

最終，明宇媽媽向公司遞交了辭呈。從生下明宇之前，咬著牙度過的十九年職場生活，就在此時劃下了句點，只要再撐個一年，就可以拿到退休金的……但是再也無法眼睜睜看著孩子這樣崩壞。然而在辭職之後的三個月之間，母子之間的糾紛卻比過去更多，每當看見明宇，媽媽肚子裡就有一股火氣往上冒，連講話聲音都不自覺加大，甚至還曾經對讓自己感到心寒及傷心的孩子說過：「你怎麼不乾脆死一死好了！」

讓明宇媽媽徹底覺醒的時機點，是在聽到弟弟朋友的某件事情之後。與明宇媽媽面臨著相同問題的這位媽媽，某天白天，因為將重要的資料遺落在家裡而返家時，在家裡聽見了奇怪的聲音，打開了房門一看，發現才高中一年級的兒子竟然和女朋友在做愛，成績優異的孩子講了一句話，讓太過驚訝的媽媽臉色青一陣紅一陣。

「還不趕快把門關上，你這個××！」

光是聽見別人的經歷，就足以讓自己驚訝不已，然而這樣事情也有可能發生在自己身上。想到這裡，明宇媽媽突然回過神來想著：「還好我的孩子還沒有到這麼嚴重的狀況。」這才原諒了兒子。在明宇媽媽覺醒之後，為了贏得孩子的心，她開始不斷努力，又過了三個月之後，明宇也才漸漸地打開心防。曾經連眼神也不願意對上的孩子，現在可以一同吃早餐、可以對媽媽說「為什麼沒有幫我把鈕扣縫好」、「晚上十點才會從補習班回來」、「幫我買好兩塊橡皮擦」等刻意的行為。這是孩子對於一直以來沒有獲得過的爸媽的親情，為了主張自己所擁有的權力而做的行為，直到孩子重新接納以前，媽媽也只能無條件地全盤接受。說不定孩子只是羨慕隔壁家媽媽幫孩子縫扣子，也可能是沒有向已經上班的媽媽拿零用錢，於是連買兩塊橡皮擦的錢都沒有。孩子做的這些行為，其實都是有理由的，特別是這些行為其實是兩人關係好轉的象徵，如果就連這樣的心機都無法接受，孩子的怒氣將如海嘯一般將整個家庭弄得天翻地覆的。

明宇媽媽十九年來的辛勞付之一炬的這件事，就是源自於不知道應該要從孩子小時候，就盡可能地將時間投資在孩子身上所導致。她應該要知道，就算升遷的時間晚一點、就算錢賺的少一點，也應該要將心思優先集中在孩子身上才是；但是，對於已經敞開心胸的明宇而言，就算時間遲了一些，只要能填補他心裡的空缺，他必定能夠獨自站起身，到了那個時候，媽媽也能再繼續自己的職場生活。雖然暫時看起來是落後他人一截，也能以輕鬆自適的心情再次選擇面對。明宇的媽媽在將明宇的扣子縫牢固，也在幫明宇買了十塊橡皮擦之後，她現在正以提升工作能力的講師身分，每週上班一天。當然，這樣的工作也是在明宇的允許下才開始的。

螺栓與螺帽遊戲

我曾經看過這樣的影片，剛剛出生的嬰兒因為睡眠不足而哭鬧著，此時貓咪以前腳輕撫著孩子的頭，又再次哄睡了孩子。在過渡時期中，使貓咪成為銘印的孩子，比起親生媽媽，更願意跟隨著貓咪，如果使毯子成為銘印，比起親生媽媽，會更常抱著毯子；同理，使奶奶成為銘印的孩子，比起親生媽媽，下意識地會更願意聽從奶奶的話。當然，就算是奶奶，只要好好地形成銘印，所有年輕的媽媽們也能完成她們夢想中的目標，但是情況並無法完全照我們的期望發展。

A型的螺栓只能搭配A型的螺帽使用，如果搭配其他的螺帽使用，兩者之間就會形成縫隙。一開始也許只是小小的縫隙，但是隨著情況一再重現，A型的螺栓也會開始固執地認為自己是B型的螺栓（開始進行反抗行為），或者是知道自己是A型的螺栓，但是卻固執地認為自己應該要是B型的螺栓（固執地認為媽媽其實是繼母，最終導致離家出走的狀況）。因此當婆婆講出「孩子我會好好替妳照顧著，妳就不要為了照顧孩子而待在家裡，倒不如去丈夫的身旁幫幫他，或是去認真地賺錢，逢年過節的時候再來看看孩子就好了」這樣的話時，通常就是家破人亡的開始。

在過渡時期中，使奶奶成為銘印的孩子，就算未來回到媽媽身旁，也會因為媽媽的氣味太過陌生，而無法走向媽媽；而媽媽也因為與孩子分開，對孩子沒什麼感情，如果這時候媽媽又因為生下了第二個孩子而辭職，這第二個孩子想必會比第一個孩子獲得更多的親情。媽媽雖然獲得了第二個孩子的心，但第一個孩子究竟得到了什麼呢？日復一日毫無理由地與弟妹持續比較罷了。如果是第一個孩子由媽媽親自教養，而捨棄了第二個孩子，對於媽媽而言，至少還有第一個孩子，但是對於第二個孩子而言，卻可能因為缺乏媽媽的親情，一輩子都得帶著被害意識生活。

那麼，如果媽媽將所有的孩子都託付給奶奶的話呢？除了金錢之外，媽媽就什麼也沒有了，而兩個孩子也只能彼此傾訴著為什麼自己會來到這個世界上，悲慘的故事就是這麼開始的。

講到這裡，想必會有很多責備之箭向我射來吧！

第一個責備：「難不成妳是指女人一輩子都只能照顧孩子與處理家務事嗎？」不是這樣的，女人也可以在外工作，但就算白天瘋狂地認真工作，至少在傍晚時分，即使刀子架在脖子上，也應該要與孩子一同度過。當然，這樣的生活絕對需要爸爸的從旁協助。

第二個責備：「那麼無父無母的孩子不就死定了嗎？」

值得慶幸的是，就算孩子的親生父母已經不在了，孩子也能乾乾淨淨地清除親生父母的味道，並且選定下一個應該要適應的人的味道。以動物的本能，不再堅持追求已不存在這個世界的味道。也因此，無預警失去子女而必須撫養孫子女的爺爺、奶奶絕對不需要擔心煩惱。但是，如果爸媽仍在這個世界的某處，卻沒有出現在孩子的眼前，孩子仍然會為了尋找記憶中的氣味而浪費了一輩子的生命，這也是嬰兒時期就被領養的孩子，在長大成人之後會尋找自己的親生爸媽的理由之一。

一年三百六十五天，以固定的溫度所提供的媽媽氣味與體溫，就是給予孩子最好的禮物，尤其對於三歲以下的孩子，這更是如同氧氣一般的必要條件。這是存在於孩子與媽媽之間的祕密暗號。所以，就算爸爸拿著體溫計說孩子的體溫數值是正常的，媽媽卻可以在摸摸孩子的額頭之後，說出孩子明天似乎會發燒這樣的話，這就是媽媽與孩子之間的超物理連結。

有一天傍晚，我在百貨公司美食街看見媽媽、孩子及奶奶三人的組合，看著與穿著亮色系套裝的媽媽不同，只是隨便套了一件衣服就出門的奶奶，大抵也可以猜測出是奶奶照顧了孩子一整天，現在不過是為了吃晚餐而約出來見面的。媽媽並沒有抱抱渾身髒兮兮的孩子，只有奶奶獨自餵著孩子、為孩子換尿布、為孩子擦嘴，這是在年輕媽媽身上常常看見的情景。媽媽總是會說：「這是因為奶奶更擅長做這些事情。」

抱抱孩子、換換尿布、擦擦嘴這樣的事情，並不需要特別的技巧，在議論這些事情之前，請先好好地想想螺栓與螺帽遊戲吧！

從在媽媽的肚子裡開始，媽媽與孩子就是建立了緊密關係的同伴，只有獲取了足夠的同伴情誼，孩子才能不慌不忙、不疾不徐地安定成長。媽媽與孩子的同伴契約時間最少是三年，如果違背了這個契約條款，媽媽就必須繳納「孩子無法順利成長」的痛苦罰則，甚至也可能導致自己失去了一切。如果你認為這是個不公平、單方面的契約，也無法認可這個連自己名字都沒有簽下的契約，我也只能請你直接去詢問造物主，因為當年的你，也是讓你媽媽被迫接受契約的！

孩子所需的媽媽氣味，一天至少三小時

如果說我們必須給孩子足夠的時間，那麼職業婦女一定會覺得心情沉重，但其實也有值得開心的消息，那就是孩子具有能與其他人短時間相處的適應力。只不過，他們同樣也需要將自己生下的人的保護，進而發展自己的大腦程式，如果無法在一定時間內接受這個人的保護，這樣的程式就會隨之崩壞。

有一次去參加朋友女兒的周歲宴，從新婚時期就同時擁有職業婦女及家庭主婦兩種身分的朋友，那一天一見到我就立刻問我：「孩子的基本時間是三小時吧？不論她那一天玩得有多累，好像也得要我傍晚陪她玩個三小時，她才願意乖乖去睡覺。」

那時候我不過剛剛進入心理學課程，還不曾想過一天究竟應該要與孩子度過幾個小時的問題。雖然聽過兒童專家提過「肌膚接觸是重要的，而一天至少要陪伴他一個小時以上」的說法，但是在校園內卻還沒有正式接觸這方面的課程，猛然一想，也只有應該要盡可能多陪孩子玩的膚淺想法，而朋友則是因為我正在攻讀心理學課程，直接推測我會知道正確答案，想與我確認想法。

確認朋友的話是正確的其實是在那之後的幾年。當我生下孩子後，敏感的媽媽應該可以察覺到，在自己下班之後，孩子會緊緊地黏在身旁至少三小時的現象。一天之內，孩子想要自爸爸、媽媽身上獲得的時間並不是一個小時，而是三個小時。有時吵著要抱抱，有時要你陪他玩，有時只是要你看著他而已。如果詢問白天的保姆，孩子是不是不太睡覺？卻只會得到白天只要哄孩子躺下，孩子很快就能乖乖入睡，讓保姆非常輕鬆。

孩子拿了《青蛙王子》的繪本，媽媽得要在最初的一小時口乾舌燥地重複念著故事，在第二個小時變身為王子，第三個小時又成為青蛙，陪孩子玩了三個小時之後，這個三小時的魔法才會解開，孩子也才願意放開媽媽，安心地進入夢鄉。由於實在太過辛苦，許多媽媽甚至會與孩子玩起醫生與病人的角色扮演，好趁機休息，但是還不到十分鐘，這些惡童醫生已經開始挖挖病人的耳朵，或是死命地拍打病人……仔細想想，偶爾也會有下班到家，孩子已經睡著的好運日子，但是就在凌晨四點，媽媽開始準備上班的三個小時前，孩子會突然醒來，拉著媽媽的耳朵，要求媽媽陪他一起玩，於是，前一天沒有讀的《青蛙王子》，就在清晨時分再次展開……

一天三小時！就是能讓孩子好好成長的魔法時間。

1. 認識魔法時間三小時

親子教養的333鑽石法則

新一代的掃地機器人，在清掃時沒電的話，會自己回到充電座充電。我們的孩子未來也會和發明掃地機器人的發明家一樣優秀。但是在發現他們的聰明才智之前，孩子也和機器人一樣，需要回到媽媽懷抱裡進行充電，而在媽媽懷抱裡充電的時間，一天最少是三小時。孩子惟有在自己生命根源的爸媽身邊才能獲得能量，並且找到存在的意義。以不完全狀態來到這個世界的生物體，大腦的其餘部分必須配合外在世界而獲得開發，才能補足「人類」的自我知覺。孩子們理所當然地會倚賴著爸媽，但如果爸媽否定了這樣的倚賴，那麼將足以撼動他的世界。

如果說我們必須要給孩子足夠的時間，那麼職業婦女一定會覺得心情沉重，但其實也有值得開心的消息，那就是孩子具有能與其他人相處的適應力，他們在先天上已經編制了在陌生環境中，也能短時間堅持下去的適應能力。只不過，他們同樣也需要將自己生下的人的保護，進而發展自己的大腦程式，如果無法在一定時間內接受這個人的保護，這樣的程式就會隨之崩壞。因此，請千萬牢牢記住以下的「333鑽石法則」：

- 一天必須要陪伴孩子三小時以上
- 在因為不可推辭的事情而被迫分開時，最多不可超過三天
- 在決定成長發育的三歲前必須徹底實行

就算爸媽因為工作忙碌，而必須與孩子分開一、兩個晚上，孩子也能透過事前儲存的親情電量暫時堅持下去，但是如果超過三個晚上，他們便會開始感到不安，而更加緊緊黏著爸媽。**一天三小時是讓孩子能夠好好成長的魔法時間，三年則是必須讓孩子徹底感受到媽媽的氣味及溫度的最少時間**，如果你能適當地投資這三年的時間，那麼與投資四年或五年並不會有太大差別，但是，若無法填補這基本三年的時間，發生在孩子身上的效果將會天差地遠。

事實上，三年或四年的差異只在於情緒的安定是堅實一些，或是脆弱一些；不

過，能否填滿這三年的時間所造成的差異，卻會擴大演變成孩子是否能正常發育的大問題。就算是家境不錯的家庭，也會有在出生後三年之內，無法好好地接受爸媽親情的孩子。

一位西裝筆挺的三十代男性，帶著才四歲的女孩來到了諮詢室，在女孩出生六個月之後，媽媽出國留學，之後就由保姆協助照顧生活。一直以來，爸爸為了要供給媽媽的留學費用，總是努力地工作著，下個月他們就要前往媽媽留學的城市，全家團聚。不過，在兩個禮拜前，孩子與爸爸、保姆一同前往賣場的路上，發生了交通事故，受到驚嚇的孩子，現在不僅睡不好，並且一天到晚哭鬧。而更嚴重的是，被孩子當作媽媽的保姆因為交通事故而住院，目前無法照顧孩子，孩子不分晝夜地吵著找保姆，連吃飯也不肯好好吃，而爸爸來諮詢的事由則是——孩子這樣的狀況，適合搭飛機嗎？

檢查的結果是必然的，一邊緊緊揪著爸爸衣角，一邊哭著、鬧著，讓人幾乎無法進行檢查的孩子，該如何搭飛機？數據結果顯示，孩子不僅僅是情緒上的不安，甚至在語言能力、運動能力、社交能力等領域都有明顯發展遲緩的狀況。詢問爸爸是否有從保姆口中聽見任何跡象，爸爸卻說保姆總是在傍晚時下班，於是也不曾針對孩子做過深入的討論。雖然是被孩子當作媽媽的保姆，卻由於也擁有自己的家庭而無法二十四小時照顧這個孩子，孩子也不願意主動接觸除了保姆之外的其他人，所以也別無他法，只好繼續維持這樣的生活；此外，在爸爸必須加班的時候，孩子只好被送往爺爺奶奶、外公外婆家，或者是姑姑姑丈家，在這樣不安定的環境之中，在孩子身上觀察到發展遲緩的狀況，事實上也並不會令人訝異。

雖然在諮詢室之中，見過許多擁有各種問題狀況的患者，但是，這一家的狀況真是讓我悶壞了，甚至讓我覺得不可理喻。一般而言，只是為了接受檢查而來的患者，是不太願意講自己的故事，這個爸爸同樣地沒有多說，於是我也無法自爸爸口中獲知更多可以幫助我瞭解孩子狀況的情報。我疑惑的是：拋下出生六個月的孩子，而前往國外留學的媽媽有何特殊理由？支持妻子的留學夢，總是按月寄錢的丈夫的心情又是如何？雙方家長對兩人這樣的家庭生活有何看法？其中更讓人不解的是，在這三年多的時間裡，媽媽一次也不曾回家看望孩子是真的嗎？雖然無從得知這個家庭的情感狀況，我卻覺得這一家人彷彿都來自火星，而孩子的爸爸必定是犯了天大的錯誤，所以才得抱著償還的心態，一邊照顧著孩子、一邊付出賠償費用。

而最不可思議的是，聽到孩子發展遲緩的爸爸非但沒有感到驚訝，更提出「孩子不是因為年紀還小才這樣嗎？」「聽說我小時候發展也比較慢啊！」的回應。身為專家，我只能告訴他：「雖然孩子現在年紀小，但是請務必讓她待在安定的環境中，這樣問題才不會越演越烈。」但是爸爸卻只因為孩子無法搭飛機而感到失望，不斷提出「如果這次再無法前往妻子所在的城市，妻子說不定會就此改變心意，是不是能讓孩子吃點安眠藥再上飛機呢？」「既然發育遲緩，讓孩子在國外接受更好的教育會不會好一點呢？」然而，在孩子狀況漸漸惡化的狀況下，未來接受的教育是現在眼前的重點嗎？我勸他試著說服妻子先回國時，他只是搖搖頭：「妻子再過兩年就可以取得博士學位了，現在當然不可能回來，而早先就約定好由我獨自照顧孩子，現在也無法要求妻子回來。」硬生生地否決了我的建議。

我實在很想大力搖醒這位爸爸，但是最後還是什麼都沒做，但只要一想到在關鍵時期的三年之間，被獨自放置的孩子的灰暗未來，我便感到非常沉重。於是我只能低著頭完成這次的諮詢。不曉得是不是因為他們是高級知識分子，也是位處於社會中的菁英分子，這次的諮詢特別讓我難過。

孩子繼承了即將成為教授的媽媽的優秀基因，雖然比誰都還有機會擁有美麗的未來，但是卻因為爸媽錯誤的判斷，**在關鍵的三年期間，無法接受完整的照料，別說是發展自己的潛能，就連正常的發展都是有問題的！**這件事，讓我再次瞭解「333鑽石法則」的重要性。

魔法時間三小時所能產生的驚人成效

從出生後到三歲為止，對於發育是極為重要的時期，而在這個時期之後，「333鑽石法則」依然擁有驚人的效果。

在女兒國小一年級的時候，幼兒園同學浩恩的媽媽來向我諮詢。在我印象中，浩恩是個和氣可愛、聰明伶俐的孩子，但是在浩恩五歲搬家之後，就再也沒有見過了。根據浩恩媽媽的說法，在浩恩五歲的時候，爸媽開了一間肉舖，一開始媽媽只在白天的時候進店裡幫忙，晚上則會回家照顧孩子。不過，由於店裡生意相當好，媽媽的工作時間漸漸拉長到晚上十二點、凌晨一兩點，因此便需要能在晚上照顧孩子的人。最後說服了奶奶，將浩恩託付給奶奶照顧，但卻必須時常看著奶奶臉色，以免他不願意繼續照顧孩子。

浩恩自五歲起，不僅要去幼兒園，更得去補習班，所以常常得到傍晚才能回家，面對常常吵著要吃零食的浩恩，媽媽在家中準備了餅乾糖果，而對於晚餐後纏著奶奶要一起玩的浩恩，媽媽則是買了一台遊戲機給他。就這樣經過兩年之後，浩恩家的存款金額也大幅增加了。

但是卻在某一天，浩恩的臉上出現了膿包，一開始媽媽以為只是痘痘，擦一點藥膏，應該很快就會痊癒了，但是到了小學入學的時候，卻因為藥膏中類固醇所產生的副作用，浩恩的臉變得更嚴重，必須要到大醫院治療。孩子因為臉上的搔癢不適，晚

上也沒辦法好好睡覺，甚至發生了二度感染。而在吃了皮膚科所開的強力藥物之後，消化系統也發生問題，浩恩每天只是吵著自己肚子痛。曾經是喜歡讀書的孩子，現在卻沉迷於遊戲中，連作業都不寫，晚上睡眠不足的狀況下，白天在學校也常常因為注意力不集中而被老師斥責。

我見到浩恩時，雖然臉上的狀況已經好轉，但是媽媽卻仍然充滿擔憂：「只要吃藥就會好轉，但是停了藥又會再發，雖然膿包是一個問題，最擔心的是明明知道有什麼不對勁，自己卻不知道能如何改善。」在我仔細聽完浩恩每天的行程後反問媽媽：「就算沒辦法像以前一樣賺這麼多錢，是不是仍然要將浩恩治好？」媽媽很快地點頭了。首先我告訴浩恩媽媽：「因為開設肉鋪而讓孩子每天吃肉，以及食用過多零食餅乾的問題，希望浩恩媽媽可以重新擬定每天的菜單，而在每天孩子放學的時間，也應該放下手邊工作，回家迎接孩子，並且親自準備點心給孩子填填肚子，直視孩子的眼睛，也要時常對孩子微笑。另外，在孩子從補習班回家的傍晚七點之後，更要陪伴在孩子身邊。」這是我為浩恩所下的鑽石處方。事實上，雖然浩恩還需要更進一步的處方，但是可能會使這一家人的生活猛然改變，所以還是循序漸進慢慢來。

於是，浩恩的生活改變了，每天傍晚都可以在媽媽的陪伴下度過。在吃了媽媽親手準備的零食及晚餐之後，浩恩的身體也漸漸變得健康，而臉上的膿包也慢慢地減少了。大約經過三個月，浩恩媽媽又再次來到諮詢室，雖然狀況都在好轉，只是浩恩仍然不太聽媽媽的話。直到這時我才下了更進一步的處方：希望媽媽限制浩恩玩遊戲的時間，只要浩恩可以好好遵守規定，下個月就可以多給他十分鐘玩遊戲的時間。也就是將孩子渴望的事物當作修正行為的獎賞。此外，我也請媽媽和浩恩一起玩遊戲，或者是帶浩恩去打桌球或是羽球。浩恩是因為無法從媽媽身上得到親情，才將感情轉移到遊戲機，現在因為可以直接從媽媽身上接收親情，遊戲機也變得不需要了。在那之後，原本就渴望親情的浩恩，也願意聽媽媽的話，而隨著與媽媽相處的時間拉長，漸漸心理上也變得更為安定。經過三年之後，浩恩的臉又恢復以前健康的模樣，並且也以全校代表的身分，參加地區演講比賽。

浩恩媽媽在晚餐時間其實沒有特別做什麼，只是為浩恩準備晚餐、陪浩恩一同遊戲、偶爾替浩恩讀讀故事書、檢查作業。媽媽並沒有因此而對浩恩特別寵溺，該指責的部分也樣樣不缺地指責，這些只是媽媽每天應該做的事情罷了。但是，在這樣的時間裡，孩子所獲得的卻與以往有天壤之別，比起獨自孤單地刷著牙、獨自躺在床上，雖然每天聽到的嘮叨多到讓耳朵都發痛，但是可以與媽媽碎念的聲音一起睡著的日子，在經過一天、兩天、一週、三年之後，孩子的模樣也會改變。

只要能在開始時掌握正確的方向，之後就一定會不斷發生好事。在心理上獲得安定的浩恩，到了國小四年級，恢復了以前喜歡讀書的模樣，玩遊戲的時間也能自我節制，媽媽白天時也能安心在外頭工作了。只是，在傍晚七點的時候，不論有什麼重要的事情，媽媽也一定會回到家裡，陪著孩子一起度過。浩恩的心理變得更加安定，爸媽的心情也變得輕鬆舒暢，更重要的是，家裡並沒有因此而經濟拮据，過去給奶奶的照料費用、零食費用、補習班費用減少了，更能將手上的金錢做更有效率的運用。這真可稱的上是三小時的魔法吧！

孩子越小，魔法時間越有效，一開始只是做為媽媽親情代替品的遊戲機，隨著時間流逝而擁有更多的力量，最後將會使得孩子完全沉迷。而沉迷於遊戲機的人腦，與沉迷於毒品的人腦並無不同。對於沉迷毒品的人來說，他們也擁有媽媽，他們的媽媽雖然用眼淚哭訴著，試圖想讓孩子回心轉意，但是對於他們來說，媽媽的眼淚來的太遲了。

以下是錯失了投資魔法時間的媽媽的故事。

她在研究所攻讀國文，卻在結婚之後，出乎意料地與丈夫一起在外島從事水產業，一心夢想著要成為編劇的她，無法拋棄自己的夢想，所以白天工作，晚上創作，因此無法給予孩子足夠的時間。在劇本招募中持續落榜的她，在某一天回過神來，才發現小學五年級的兒子已經成為精神散漫、每天埋首於網路的孩子了。起初她還覺得是因為男孩子的關係，精神較為散漫、喜歡電腦是正常的，不過卻發生了因為精神散漫而導致朋友受傷的意外。以此事作為引線，班導師建議媽媽帶孩子來進行諮詢。媽媽雖然是為了平息家長間的輿論才來到諮詢室，不過卻自專家的口中聽到孩子必須要立刻吃藥治療的診斷結果。

這位媽媽的問題非常簡單，「一定要吃藥嗎？持續進行諮詢對於住在外島的我們並不是一件輕鬆的事情呢！」對於這樣的媽媽而言，如果給予和浩恩一樣的處方未免過於勉強。孩子對環境的不適應已經超過十年，希望媽媽可以暫時停下創作稿件，將心思放在孩子身上，卻只是得到「創作劇本與孩子散漫有什麼直接關係嗎」的回答。

這位媽媽不肯接受專家的建議。為了糾正已經有十年行為問題歷史的孩子，**媽媽需要擁有的意志，並不僅是往來於外島與本島間的強度，而是能持續往來於南極及北極間如鋼鐵般的意志**，只聽幾句專家的意見，就以為能解決所有問題的媽媽，這樣的方法是行不通的。

首先必須先解決眼前的燃眉之急。我告訴這位媽媽，不論有多辛苦，還是請她持續將孩子帶來進行諮詢，而由於症狀比較嚴重，也一定要讓孩子吃藥，並持續觀察孩子的行為狀況，如果以這樣的狀況開始上學，勢必會引發更嚴重的問題。也建議孩子及爸媽可以盡快地接受心理諮詢。在那之後，她就失去了音訊。根據介紹人的說法，這位媽媽認為只有孩子有問題，無法理解為什麼我會認為她也有問題。

在孩子擁有選舉權之前，身上發生的所有問題，基本上都是源自於爸媽；而小學生身上所發生的問題，大約有90％以上都是因為爸媽錯誤的行為所導致的。如果她願意聆聽我給她的建議，就算遲了點，也能夠具體實現333鑽石法則，那麼在孩子進入國中之前，應該就能恢復健康。但是我在一年之後，聽說因為孩子引發的校園暴力問題，而必須正式地接受精神科的診療，結果一家人自外島搬回本島。她的行為可說是白白浪費了這一年，不僅錯過了生產後三年內所必須遵守的第一個「每天陪伴三小時」法則，甚至錯失了能避免問題兒童產生的第二個「三歲前身體力行」法則。

333法則的最後一個條件，就是**在不可避免的狀況必須與孩子分離時，最多不可以超過三個晚上**。支持這個主張的就是赫爾曼・艾賓浩斯（Hermann Ebbinghaus）的遺忘曲線理論（Forgetting Curve）。

「我出生了，身旁的某個人擁抱了我，晚上我睡了，早晨又有某個人擁抱了我……」如果希望孩子記住這個人就是昨天的那個人，就需要一整夜的記憶時間。假設孩子記住了，那麼這個記憶的續航力又能持續多久呢？十九世界中期德國心理學家艾賓浩斯在經歷十六年對記憶力的研究之後，最終發表了「遺忘曲線」，在那之後也有許多心理學家提出豐富佐證。**艾賓浩斯的遺忘曲線理論為：在記憶形成之後，經過一天，所有內容的70%是會被遺忘的。**因此前天晚上擁抱我的媽媽，如果昨天沒有出現，今天也沒有出現的話，孩子是很難記得媽媽的。已經成年的我們，雖然提到「記憶」這個單字，就會產生許多連結，但是對於剛出生的孩子而言，四周所有人事物都是記憶的對象，特別是讓自己得以生存的媽媽更是必須要被記憶的對象。如果媽媽的氣味總是在記憶之中來來去去，孩子就會誤認為這個氣味並不重要，也無法正確形成銘印。銘印失敗之後，便無法引導孩子度過關鍵期，接著便會開始偏離正確發育的軌道。

這樣的主張之中，我個人的經驗及臨床的觀察都有相同的現象。我在養育孩子的過程中，看到了連續兩天沒有看到媽媽也能安靜乖巧的孩子，直到第三天，就會竭盡全力地哭鬧著想找媽媽的模樣，也藉由臨床觀察到相同現象，更加確認了這個事實。也許會有一些媽媽希望能看到客觀理性的研究數據，可惜的是，受限於目前的科學水準，要找到可以讓我們滿足的根據，事實上仍有困難，這是因為我們還無法理解甫出生的孩子究竟是如何感知世界的。我們無法回憶起幼時是怎麼看待自己的媽媽，而我們也無法詢問這些孩子，甚至也無法對他們進行大腦相關研究。因此對於孩子心理認知的理論，多數是以觀察作為基礎而獲得的系統性推測，但如果可以反覆觀察到相同的結果，那麼這樣的觀察結果就可以成為值得信賴的理論，而這裡所提出的333鑽石法則也是如此。

2. 種下情感的種子

媽媽是個好人，我當然也是個好人

一天最少三小時的魔法時間是絕對必須的，但是為了要與孩子相處三小時，再加上一些瑣碎的時間，那麼總共花費的時間可能會是五個小時以上，也就是必須將傍晚的時間全都投資在孩子身上。不是只有三小時，而是足足五個小時！在這裡，為了要安撫把我看作神經病而激動的職業婦女，我必須告訴你們這個魔法時間的祕密。這三小時的時間，究竟會發生什麼事，讓媽媽們雖然會因為孩子而感到痛苦不堪，也一定要遵守的呢？以結果論而言，**這三年之間，每一天的三個小時，就是為孩子籌備走向未來人生的資本，孩子將可獲得情緒的安定、人性的發展及思考力的發展等三大項的改變**，而惟有擁有了情感這樣的創業資金，孩子們才能獲得這三大項的改變。也就是說，在這三年期間，每天最少三小時獲得的媽媽氣味及溫度，將成為名為情感的創業資金，並且成為孩子情緒安定及思考發展的基石。

孩子們雖然是以健康活潑的體態模樣來到這個世界上，但是，那時候的他們，內心仍然是混沌不明的，所有孩子在出生之後都是自閉的狀態，無法以雙眼注視媽媽，只能透過媽媽的氣味得知自己存在一個安全的環境之中。在這個時期，孩子就像是不知名的種子，只有在獲得充分的陽光、空氣、水後，才能在某一天突破外殼、萌芽；只有享受著媽媽柔軟的肌膚及溫暖的氣味的孩子，才能在某一天打開心門，開始萌芽。讓幼芽生根的過程就是情感，雖然最終目標是果實及花朵，但是沒有根莖的植物是無法開出花朵的。如果在情感無法安定的狀態下，人性及思考也都會以不安定的方式發展，不論再怎麼華麗，沒有莖的花朵，生命週期都是短暫的。

所謂的情感，就是孩子及養育者之間情緒的連結，是孩子在感受到溫暖、親密、持續性的關係後形成的滿足與喜悅。只有在情感安定後，孩子才能感受到：「我是值得被照顧的人，媽媽人真好，在我需要的時候，媽媽總是在我身旁！這個世界真是不錯」等想法，也在這時候，孩子的心裡才能向下扎根，正式展開地球人生。

對於孩子而言，情感是絕對必要的存在。就是因為人類世界從一開始就是兩個人的心理學。因為這個男人的存在，我會想要變漂亮，因為這個女人的存在，我才知道我的眼睛是小的；爸爸獨自一人是無法走進婚宴會場，媽媽獨自一人也無法生下孩子。同理，孩子獨自一人也是無法成長的。人類是不論在怎樣的狀況下都會追求一個對象的存在，也絕對不會嘗試要孤單一人。而對象的追求，其實在媽媽的肚子裡就已經展開了，而且與吃與睡一樣是人類最原始的動機，也因此，如果這個動機無法被滿足，那麼孩子就無法成長為正常的人類，就像是植物的生長需要優質的陽光、空氣、水，孩子的成長也需要優良的媽媽。

孩子所殷切期盼的就只有爸媽的關心

生產後的三年內，成為擁有安定情感的孩子，就可以毫不猶豫地走向世界了！就算面臨困難，也能藉由預先準備的情感創業資金一一克服。媽媽請依據孩子能獨處的程度，適當調整陪伴的時間，當孩子漸漸習慣後，將可以停留在只屬於自己的世界。未來三天左右的研習營、一週左右的露營、一個月以上的自由旅行、兩年左右的軍隊生活，孩子都可以安然度過，並離開媽媽的身旁，走向下一個家庭生活。在此時，心理學上的兩個人，對象改變了，也不再會因為媽媽不在而感到不安，真真正正的學會獨立。

歷經了這樣的過程，忙得不可開交的媽媽，現在也終於可以好好喝上一杯熱騰騰的咖啡、盡情享受還沒泡爛的湯麵，也可以拍拍孩子的背，瀟灑地飛往國外旅行。而臨終時可以安心地閉上眼睛，帶著孩子將可以幸福地活到一百歲的信心，毫無掛礙地離開。了解就算我死去之後，孩子也能毫不猶豫地繼續生活著。孩子心理上的完全獨立，不僅是爸媽最為懇切的期盼，也是所有養育的終點，為了讓這個期盼得以實現，在孩子年幼的時候，情感就應該要足夠堅強。

對於情感仍然不安的孩子，只要面臨稍稍困難的狀況，就會輕易地激動、挫折、哭鬧、受傷，無法獨自承受壓力，總是依賴著爸媽及身邊的人們，要這樣的孩子成家是困難的。而情感脆弱的孩子在聽多了「鄰居家的誰誰誰真是優秀」的話之後，就算是在逢年過節也難以見上一面；甚至在離婚之後，要爸媽幫忙照顧自己的孩子，擾亂好不容易可以安靜養老的爸媽的人生。**沒有在孩子出生後的三年內付出足夠的投資，爾後的三十年都必須為了收拾善後而辛苦。**

如果孩子的情感極為不安定，或者根本沒有形成，內心是無法穩固地向下扎根的，當然也無法伸展出健康的莖，最後的結果，就是在性格及情緒上產生偏差，毀了孩子的人生。

曾經有一位男性強迫症患者，他因為每一次洗手要十分鐘以上、一天至少洗手數十次而被強迫入院，他同時還患有嚴重的躁鬱症，不僅無法耐住火氣、總是大聲地頂撞爸爸，甚至持刀意圖殺害爸爸。如果只瞭解到這裡，這一切似乎都是這個兒子的問題，但是為了進行治療，我仔細地研究了他到目前為止的人生。這位男性的爸爸因為妻子預期外的懷孕，曾經用力地踹過妻子的肚子。在孩子出生之後，爸媽持續不斷地爭吵著，媽媽將還不滿一百天的孩子丟在家中就出門了，讓孩子總是餓肚子。由於沒有人照顧他，孩子總是大聲哭泣，甚至有發生過隔壁鄰居破門而入只為了哄哄孩子的狀況。媽媽對於暴力相向、不務正業的丈夫終於感到厭倦，最終離家出走，原來就有暴力傾向的爸爸當然無法好好照顧兒子，無法適時為孩子換尿布、讓孩子身上滿是濕疹，孩子甚至連大小便都不知該如何處理。他因為恐懼人群，而無法進入幼兒園；在進入小學之後，與同學們也無法好好相處；在放學之後，只要回到讓他恐懼的家裡，他總是會緊緊地抓著枕頭；在國高中時期，也總是被霸凌而時常缺席，依然無法適應社會。為了逃避暴力的爸爸，躲到了網咖。當兵期間，因為總是有斥責他或要他殺了自己的幻聽，終日坐立不安，並伴隨有嘔吐的症狀，最後因為這樣的原因而退伍了。但是爸爸卻每天斥責著這個無法當兵、甚至連人的本分都盡不了的傢伙，他的病症漸漸加重，最後演變為向爸爸揮刀的事件。

缺乏關懷、而藉由枕頭獲得保護的這位男性，我在仔細地研究了他悲慘的人生經歷之後，最終歸咎的原因仍然是爸媽的失職。爸媽沒有在他三歲前，讓他形成情感聯繫，並讓他知道這樣悲慘的狀況將會持續下去。這位男性其實是想要殺光世界上的所有人，包括每天對自己暴力相向的爸爸、拋下自己獨自逃離的媽媽、將自己當作下人般的朋友，但卻因為自己的罪惡感而衍生了強迫症，洗手的行為是為了洗去手上的髒汙，也是內心為了洗去想要殺死爸爸這樣錯誤的想法所表現的行為，我們也可以看做他一天想要殺死爸爸的時間共有數十次。

將對爸媽的怨恨轉回自己的身上的另一個孩子，現在才不過小學四年級，因為嚴重的妥瑞氏症（Tourette Syndrome）而入院。同樣地，在這個家庭中，孩子出生之後，爸媽也在持續不斷的爭執之後以離婚收場，在那之後再婚的爸爸雖然過著比之前更為安定的生活，卻將孩子託付給奶奶，只有逢年過節時才會帶著再婚妻子前往探視。而一年不過見孩子一次的繼母，在那一天給了孩子最多的關心及親切，讓孩子渴望跟爸媽一起生活，他雖然思念著明明活著、卻不曾來看過自己的親生媽媽的味道，以及一年只見一次、遠遠地感受到的爸爸及繼母的味道，但是卻因為誰也不在自己的身邊，只能天天不安地生活著，情感形成失敗所造成的不安及緊張，就是衍生妥瑞氏症的心理原因。而如果一再持續下去，究竟是會導致強迫症，或者是殺死爸媽，誰也不知道。

如果無法與爸媽形成正常的情感，孩子未來的社會生活也必定是困難的，孩子真切地期盼著爸媽的關心，事實上有許多孩子只是為了獲得爸媽的關心而故意使壞，「雖然爸爸罵我，但至少爸爸只有在我闖禍時才會看我、叫我的名字。」

走向孩子，就像當初媽媽走向我

這麼重要的情感當然是由媽媽開始形成的，因為我們的孩子並無法像小鴨子一樣，在出生後就能走向媽媽。

「孩子，如果你無法走向我，就由我走向你吧！就像過去我媽媽走向我一樣。」

做好這樣的覺悟，抱著這樣的心情，其實就是媽媽在生產前所必須要準備的第一項物品。但是許多媽媽卻不認為花三年時間培養情感是重要的，因為她們認為，在孩子之外，或者是比起孩子，還有更多值得她花心思的事物。

我曾經見過一個結婚超過十年仍然沒有懷孕的女性。雖然已經嘗試過試管嬰兒等各種方法，卻一直無法懷孕。儘管如此，由於賺錢能力一流，她的事業甚至可以養活娘家的兄弟們。後來，她戲劇性地懷了孕，在她看來，這是上天所賜予的禮物，於是也特別認真地進行著胎教。但是她的住處與娘家同在郊區，公司則是位於市中心，事業大又加上距離遠，晚上九點前到家是極為困難的。雖然她也想過要暫時休息一陣子，但是卻沒有勇氣可以拋下鉅大的收益，在家人之中，也沒有可以幫忙照顧孩子的人，最後只有尋找夜間保姆。從此來看，對比起孩子更重視錢的女兒置之不理的家人及爸媽，全都成了共犯。忍不住要猜想這位女性究竟為什麼會這麼想要孩子呢？難道只是比較心理嗎？十年來殷切期盼的孩子，難道不值得你花三年時間陪伴他嗎？雖然經營一個具有高收益的公司確實是很有價值，但是孩子卻是超越這個價值的存在，這個道理她真的不懂嗎？

精神醫學家維克多・弗蘭克（Viktor Emil Frankl）曾被強制安置於奧斯威辛（Auschwitz）的收容所中，而度過了一段不知道自己何時會死亡的不安日子。每天總有數十人死去的收容所之中，雖然一點點的希望也沒有，但是弗蘭克卻用自己的心眼看見了自己的未來，他描繪著未來向聽眾們演講的模樣，並且堅信著自己一定可以實現這個未來。最後，就如同他所堅信的，弗蘭克奇蹟似地存活下來，並且終於站在眾人面前演講，傳揚了不論在怎樣的狀況下，都能夠領悟、依循、尋找生命意義的心理療法——意義治療法（logotherapy）。

為了各式各樣的事情而傷心、疲勞的媽媽們，在子女放學回家的時候，又能夠猛然地爬起來，就是因為要從子女的生命中尋找意義的緣故，也因此我們習慣將她們稱為是「某某人的媽媽」。為了子女而活，並不是辯解或是合理化的解釋，也不是膽怯，更不是缺乏主體性！為了子女而活的你，只是為了尋找地球上為數不多的實際且純粹的意義之一，並且實現它罷了。為了子女而活事實上是需要極大勇氣的行為。

為了要讓子女成為我們人生的意義，在子女小的時候，我們也必須成為他們的意義。只要媽媽在身旁，好像就能感到安心；只要媽媽在身旁，好像就能吃到美食；只要媽媽在身旁，好像就能躺在鬆軟的棉被裡安穩地睡覺；只要媽媽在身旁，好像就能好好地活著……也就是說，在某一段時期，媽媽其實就是子女人生的意義。而當子女長大、成年後，比起先前，就應該對他們保留一些距離，讓他們能夠去尋找人生的意義，到了這時候，如果子女成為媽媽人生中唯一的意義，或者媽媽成為子女人生唯一的意義的話，反倒會很難處理。媽媽會對子女衍生過多的執念，而執念並不是愛，反而會讓雙方都變得不幸。

在經過十年才好不容易獲得孩子的女性，認為比起在短短三年內將時間完整保留給孩子，自己的事業與價值更為重要。事實上，這位女性不過就是一般女性的模樣罷了，賺了更多錢，誰也無法否認她的事業成就。當社會大眾質問著「這個孩子怎麼了、他沒有爸媽嗎」的同時，卻也能接受「孩子的爸媽從早到晚都為了家計而忙碌著」的回答，這真是弔詭。

從現在起，希望大家學習、理解、記得，一天最少三小時，供給孩子充足的爸媽的氣味及溫度，使孩子能夠安定地形成情感是個重要的事實。

在心理測試之中，有個完成句子檢查法。「我在小時候——」、「我的媽媽——」等三十個以上的主題句子，是一個只要受試者沒有特別心理防禦，就能簡單瞭解檢查對象的心理狀態的方法。

孩子在學校發生暴力行為的媽媽是這麼寫的：「我希望總有一天能將我的兒子培養成優秀的人。」

孩子因為嚴重憂鬱症而接受治療的媽媽是這麼寫的：「我最想做的事情是在柬埔寨挖掘水井。」

她們都是優秀的！但是並不是「總有一天」，而應該是現在就抽出時間，將孩子培養成優秀的人；如果真的到了柬埔寨，也請一定要為他們挖掘水井，但是在那之前，請先為口渴的孩子解解渴吧！雖然在柬埔寨挖掘水井需要時間及金錢，現在為口渴的孩子解渴並不需要花一毛錢。不要在太遠的地方尋找自己生命的意義，應該先將心思放在現在正轉著眼珠望著你的孩子身上，讓他們能夠形成安定的情感。

完成句子測驗

請爸媽先閱讀一次。

❶請在安穩的環境下進行。

❷請將試卷交給孩子，並且告訴他將第一個想法寫下來。

❸對於孩子所寫下的內容，不可以過度質問「為什麼這麼寫」，或是任意批評，這僅僅用於掌握孩子的心思，如果覺得孩子有什麼問題，或是想要更瞭解孩子的想法，請將孩子帶到專門機構與專家進行面談。

❹這份試卷改編自專業理論，嚴禁複製後進行公開使用。

●瞭解孩子心思的句子測驗●

從現在起，請試著完成下列短句，使他成為完整的句子。

1. 我最幸福的時候是＿＿＿＿
2. 其他人對我＿＿＿＿
3. 我媽媽是＿＿＿＿
4. 我是＿＿＿＿
5. 我最擔心的事情是＿＿＿＿
6. 我最喜歡的人是＿＿＿＿
7. 我最討厭的人是＿＿＿＿
8. 我爸爸是＿＿＿＿
9. 我最想要擁有的東西是＿＿＿＿
10. 我最悲傷的時候是＿＿＿＿
11. 對於學習，我覺得＿＿＿＿
12. 我爸爸和媽媽的關係是＿＿＿＿

13. 我最希望的事情

第一個＿＿＿＿＿＿＿＿

第二個＿＿＿＿＿＿＿＿

第三個＿＿＿＿＿＿＿＿

（本書額外附錄兩份試卷，歡迎多加利用。）

3. 發展安定的根莖

準備情感，開始發展！

與爸媽之間編織了安定情感網絡的孩子，信賴這個世界，在心裡扎下的根，漸漸向世界伸展出莖，產生了信賴感，也代表將正式展開自我的發展。

「這個人喜歡我，也是我可以信任並將身體交付給他的人，那麼就值得讓我的大腦配合他！好，就任命你做為我的拍檔吧！」只有在下了這樣的決定之後，孩子的自我發育才會正式開展；相反地，如果無法形成信賴感，孩子便會對於該不該讓自己的大腦配合發展而猶豫不決，最終，天生設定好的自我發育已經開始，卻是以相對沒效率且散漫的方式進行，就像是沒有確定目的地就直接出發旅行一樣，必須走走停停不斷找路一樣。

以對於世界的信賴感作為基礎，大腦正式發育的時候，最先開啟的是情緒大門，只有情緒達到安定，才能成長為擁有好個性的孩子。雖然「好個性」是難以定義的，但說到「個性不好」，不論是誰都能提出自己的看法。孩子並不是出生時就個性不好，大部分都是因為持續接觸使情緒感到不安的狀況，才導致了不好的個性。惟有生活安定，孩子才會安心，這樣長大的孩子就容易形成好的個性。事實上，情緒跟個性就像是雙胞胎一樣。

情緒安定之後，就能擁有樂觀的個性，而在遭遇困難的狀況時，樂觀的個性才會顯現其價值。我們的人生並不會如我們所預期的展開，不論是誰，總會遭遇某些讓自己不滿的狀況，就算處於不滿的狀況之中，樂觀派也能快速去除心理負面情緒，並尋求現實上的解決之道；在充滿壓力的狀況下，樂觀派也能將其看做是「值得一試的挑戰」，並且專注於解決壓力。

發明家湯瑪斯・愛迪生（Thomas Alva Edison）在經歷了九十九次的失敗，並在第一百次的嘗試中獲得成功之後，面於記者的提問：「在經歷這麼多失敗之後，難道都不會感到失望嗎？」他是這麼回答的：「我一次也沒有感到失望，只是知道原來總共有九十九種失敗的方法罷了。」

就是因為擁有了樂觀的個性，才能創作出改變世界的大發明，而這樣的個性就是在生命的早期歷程當中，培養出對於世界的信賴感，而讓他擁有信賴感的人，就是愛迪生的媽媽。

我從來沒有聽過在愛迪生學母雞孵蛋的時候被媽媽責罵的說法，甚至是愛迪生被學校要求退學的時候，媽媽也是相信自己的兒子，並且激勵他可以在家自修。就是因為媽媽的態度，才能讓愛迪生對自己的爸媽、甚至是對這個世界擁有無比的信賴感，進而擁有樂觀看待一切的能力。以現實的角度來看，愛迪生在退學之後，是不是也有可能對學校及整個社會感到不安，進而將自己聰明的腦袋使用在不好的方面呢？

我最幸福的時間，就是和爸媽一起開心笑著的時候

心理學家馬丁・賽里格曼（Martin Seligman）更加有系統地研究了樂觀性，研究結果顯示，樂觀的孩子在青少年時期、成人時期不會染上憂鬱症，而可以更加幸福及成功。若想要培養孩子擁有樂觀個性的話，又該怎麼做呢？最重要的前提就是盡可能在孩子還小的時候進行。

能使禁菸教育獲得最大效果的方法，就是給國小二、三年級的孩子看見吸菸之後慘不忍睹的肺部照片，強烈的視覺圖像會深深地印在孩子的腦海中。對於國中生，由

於之前已經看過許多強烈及有趣的照片，一張慘不忍睹的肺部照片並沒有辦法像對國小學生一樣達到強烈的刺激效果。許多爸媽也許會加以延伸認為，我們應該常常給年幼的孩子看這樣衝擊性的照片以教育他們，但是事實上並不是這樣運作的。所謂的過猶不及，如果給予過多的刺激，那麼這一張慘不忍睹的肺部照片的效果，就會被其他的刺激所遮蔽，而難以實現原本的目標。因此，最好是可以選出最不希望孩子做的五件事情，並請從孩子年紀還小的時候，就持續地讓孩子可以看見、聽見跟學習才好。

言歸正題，**為了培養具有樂觀個性的孩子，在孩子年紀還小的時候，就應該要讓他學會以下兩個事項，其一：持續且規律地養育他；其二：讓他經常大笑。**

■養育樂觀孩子的祕訣1：持續且規律地養育他

養育樂觀孩子的第一個祕訣，就是在孩子人生的初期，特別是出生後的三年之內，以持續且規律的方式養育他。所謂的持續性及規律性，雖然聽起來像是要將孩子當作機器人般看待，但事實上是非常簡單的！這個時期的孩子每天不過就是吃喝拉撒睡、哭與笑，所以在孩子肚子餓時，請盡快餵奶；尿布溼答答的時候，請立刻為他更換；哭的時候輕拍他的背，讓孩子的心情得以安定，這也就是爸媽所需要做的全部事情了。**在孩子感覺不舒服的時候給予撫慰，持續地傳達「我們在你身邊」的訊息，這樣就可以了！**

在多數時間中，若能以持續且規律的方式照顧孩子，孩子就能感受到主控權，也就是我能主導的自信，在此之後，孩子就不會感到不安，漸漸能成為具有樂觀個性的人。想想孩子喝奶的時候吧！孩子在喝母乳或是用奶瓶喝奶的時候，顯現的是完全不同的行為方式：喝母乳時，大部分的孩子會將腦袋盡可能地貼近媽媽的身體，並以雙手抓著媽媽的胸部，因為這樣才能舒適地喝奶，這也是所有會使用手的動物上都可以看見的共通點；而用奶瓶喝奶的時候，每個孩子就會有不同的習慣，有些孩子會一邊喝奶一邊以手指繞著自己的頭髮，有些孩子則是一邊喝奶一邊摸著自己的耳朵。在聽到媽媽說「喝ㄋㄟㄋㄟ」並且抱起孩子的時候，每個孩子也會在短時間內改變為最舒服的姿勢。媽媽們都能觀察到孩子喝奶的特定姿勢，也都有過如果沒有換成這個姿勢，就像是沒有辦法喝奶一樣的經驗，對吧？

其實，孩子正在體悟一個極為了不起的法則呢！

這是因為孩子認為只有在自己改變成體悟到的特別姿勢時，才能得到食物的緣故。雖然不論孩子採怎樣的姿勢，媽媽都會餵奶，但是孩子卻形成了自己特有的行為方式，短的話三個月，平均大約是六個月，透過專屬於自己的獨特姿勢，孩子會瞭解自己做了什麼之後，可以得到食物，並且相信這樣的因果連結會在未來持續發生，而能獲得對於世界的主控權，當主控權持續下去，孩子會慢慢覺得這個世界是好掌握、甚至可說是好欺負的，而能感覺到滿足感，而這樣滿足感就是樂觀的基礎。

樂觀的個性是在安定感、滿足感以及「我能主控這個世界」的思考下所共同組成的，只有同時滿足這些條件之後，孩子才能長成樂觀的人。當孩子對於這個世界具有某一程度的主控權之後，就算不繞頭髮、不摸耳朵也能用奶瓶喝奶，這是因為他們已經獲得了足夠的自信心。在孩子發育過程中，單就喝奶這一件事，如果是哭鬧時給他喝奶，安靜時也給他喝奶，有時怎樣哭鬧都不給他喝奶，有時又是一直給他喝奶，孩子是無法從中感受到主控權及滿足感的，反而會讓孩子形成悲觀且容易焦躁的個性。

為了給予孩子立即且持續規律的反應，養育者也必須要有持續且規律的行為，就算代理養育者能以與媽媽相同的姿勢餵奶，但是孩子光是以氣味及觸感就能分辨不

同，孩子能夠讀出媽媽的所有語言、行動及心思。

■養育樂觀的孩子的祕訣2：讓他經常大笑

讓孩子經常大笑是養成一個樂觀孩子最為簡單的方法。以持續且規律的方式照顧孩子，讓孩子感受到主控權之後，就應該讓孩子經常大笑，讓他經常感受到滿足感。心情愉悅再加上擁有能掌握一切的自信感，遇到問題都可以輕易解決，我們大人不也是這樣的嗎？

除了日常觀察，偶爾爸媽也需要特別準備一些活動來檢驗孩子是否獲得滿足感。先前介紹的「完成句子檢查法」之中，有一題題目是「我最幸福的時候是＿＿＿」，看看孩子們在這一題寫的答案是什麼呢？

最常出現的答案是──「和爸爸媽媽一起去遊樂園的時候」。爸爸忙著工作賺錢也好，媽媽常常發脾氣也好，只要可以手牽著手一起去遊樂園，都會變成這輩子最幸福的記憶，讓孩子一輩子珍藏，甚至可以原諒爸媽的錯誤。遊樂園裡有一種能讓人感覺到幸福的氣氛，一時之間，現實的空間變身成為幻想的空間。在這裡，爸媽都可以燦爛地笑著：媽媽和我一起搭上遊樂設施、一起高聲地尖叫著；爸爸和我一樣開心地吃著冰淇淋，我們來到了彼得潘的世界；平常不能吃的冰淇淋、可樂、比薩，在遊樂園裡面可以吃到一堆……

對於遊樂園的幻想，在我們成人之後也依然是相同的，只是我們會故作穩重地抑制自己的興奮罷了。一旦進入遊樂園，所有開心的情緒都能被提引出來，孩子們也都懂得，孩子會記得遊樂園是最幸福的場所的最大原因就是——爸媽也能一起開心地笑著。

平常在家也能製造開懷大笑的活動，像是枕頭大戰、打羽毛球、一起吃超大盒冰淇淋……等家庭樂趣，如果常常有這些活動，孩子們一定能充分地感受到幸福，對於他樂觀個性的養成絕對有極大幫助

「我最幸福的時候是和爸媽一起開心笑著的時候。」如果孩子能以這樣的方式完成句子的話，那就再好不過了。爸媽們請一定要牢記在心——我最幸福的時候，是和爸媽一起開心笑著的時候。

大自然就是綜合禮物包

即便如此，認為與孩子一起開心笑著是件苦差事的爸媽卻出奇地多。事實上，與孩子一同玩耍確實不是一件輕鬆的事情，因為孩子與爸媽的精神水準不同的關係，對於能讓自己感到開心的對象及領域當然也會不同。若想與孩子產生共鳴，最好的方法就是走進大自然。孩子們會在大自然裡找到自己的玩具，只要留意別讓他們受傷，那麼他們絕對可以連續玩個幾小時都不會累。

我個人對於孩子總待在室內運動設施有著負面的看法，雖然室內運動設施是以「幼時多運動有助於大腦發育」的目標所設立，但是室內運動總有其侷限。雖然設施都是以無毒材質製成，卻不可能同時管控室內空氣或懸浮粒子，就算將孩子託付在這些室內運動設施、就算有年輕的哥哥、姊姊可以陪孩子玩耍，那最終不過就是人造的遊戲罷了。

如果有這樣的時間，倒不如讓孩子走向大自然，利用雙腳踏踏實實地運動，不需要任何費用，孩子又能找到自己屬意的玩具，也能提升創造力，而新鮮的空氣更是額外附送的大禮。最重要的是，在大自然之中，爸媽才能真正的休息。

與大人不同，對於孩子而言，大自然是讓他們玩到瘋的有趣地方，有時大自然甚至可以完成爸媽做不到的效果。我們一家人總在有空時前往離家約三十分鐘車程的山林溪谷，原先是希望可以改善女兒的皮膚病，而在我們前往數次之後，不僅女兒的皮膚病狀況改善，兒子也有了令人驚喜的變化。比起班上的同齡同學，兒子不僅個子嬌小，個性也比較柔弱，常因為同學一句「小矮人」而受傷，特別是新學期之初，要面對陌生的環境，讓他備感壓力，也因此常常感冒。這種個性的問題，並不是向他嘮嘮叨叨就可以改善，也不是讓他跟同學們一對一打場硬架就能解決，所以我們只能告訴他：時間就是最好的解藥。

從兒子小學四年級開始，我們一家人經常往森林或是溪河跑，直到某一天我突然發現兒子變了！不僅不太容易感冒，也變得更加健康，不僅如此，最重要的是兒子也開始變得開朗了！面對他還可以接受的嘮叨或責備，也不再會感到彆扭，對於什麼事情都可以開心爽朗地面對。

在進入國中後還不到一個月，兒子班上在體育課時有個孩子被玩笑似地脫了褲子，最後造成了打架事件，聽說挨揍的孩子還滿多的，於是我問了兒子：

「你沒挨揍嗎？」
「沒有。」
「你的褲子沒被他們脫掉嗎？」
「脫了啊。」
「但是？」
「就笑笑地要他們別再這樣了。」
「如果他們又脫了你的褲子呢？」
「那時候我就會很認真地跟他們再說一次啦。」

這真的是我那個敏感的兒子嗎？什麼時候變得這麼成熟了呢？想了一想，我突然覺得這都是大自然的力量。在大自然之間看見逆著水流的蝌蚪變成青蛙的模樣，心中原本柔弱的部分也變得更為結實了！幾年來讓爸媽花費腦筋也無法解決的問題，大自然能自然而然地、以極快的速度解決的事情還多著呢！而在孩子東奔西跑的時間裡，我可以一邊迎著山裡吹來的風，一邊享受著和蜂蜜一樣甜膩的休息時間，能讓爸媽舒適地休息又能讓孩子免費成長的，只有如神一般的大自然了！

留給孩子們一個能讓他們保有回憶的大自然吧！讓他們可以在這個地方，擺脫所有不好的心情，也可以在這個地方，重新找回內心的平靜。

然而，從何時起，大自然變得只屬於上了年紀想要維持健康的老人家？在兒子上了國中之後，我似乎就沒有在山林溪谷看過國中生或是高中生了。到了周末，這些孩子都在哪裡呢？補習班？圖書館？網咖？這些青少年究竟是用什麼方式在維持自己的健康呢？只有體格增長，但是體力卻跌落谷底。雖然我們無法強求高三的學生在每星期日下午出來透透氣，但是每隔一到兩周，讓升學階段的孩子在野外放鬆緊張的心情，不僅能使體力提升，更可以維持好心情，減少衝突與口角。

我非常鼓勵爸媽帶著孩子親近大自然，光是可以讓孩子擁有好心情的理由就足夠了！擁有好個性和壞個性的孩子的命運是絕對不同的，從日常小事就可以分辨。在餐廳中可以看到以扭曲的姿勢坐著、被媽媽抓來吃飯的孩子，也有手裡抓著杯子、笑吟吟地被媽媽餵食的孩子，以扭曲姿勢坐著的乾瘦孩子，雙腳乒乒砰砰地踢著其他椅子，而拿著杯子的孩子則是白白淨淨的一邊直視媽媽的眼睛，一邊笑著吃飯。究竟哪一個孩子才是樂觀的孩子呢？又是哪一個媽媽是有效率地養育孩子呢？雖然不知道兩位媽媽的養育目標是否相同，但是光從小小的行為看來，重複的否定行為，絕對會使孩子萌生不好的個性。

媽媽笑了，孩子也跟著笑了

事實上，還有一個可以讓孩子歡笑的簡單方法，也就是爸媽先笑。我們的大腦中有被稱作鏡像神經元（mirror neuron）的神經細胞，這種神經細胞能感知週邊人們的情緒，並且讓我們一起擁有這樣的情緒。孩子看到幸福的媽媽，也會隨之感染相同的情緒，幸福並不是獨自前來的，只有媽媽幸福了，孩子才會跟著幸福。

早晨是特別重要的。在早晨睜開眼，認知世界之前，我們的精神狀態就像是一張雪白的畫紙一樣，能在雪白畫紙似的早晨描繪出色彩的第一句話非常重要，**爸媽在早晨起床後所應該做的第一件事是什麼呢？請到孩子的房裡真心地對他說：「我愛你，謝謝你！」**不以生活瑣事的嘮叨喚醒孩子，而是以幸福愛語喚醒他——謝謝你長得這麼帥、謝謝你長得這麼可愛，謝謝你讓我覺得幸福，我愛你。

為了要做這些事情，媽媽的心情當然也要好，每天睜開眼的時候，第一件要做的事情就是反覆說著「謝謝你」、「我愛你」，不論是對自己或對萬物，這不是電影或連續劇之中的場景，而是在我們的日常生活中的真實場景。早晨睜開眼，昨天晚上既沒有發生地震或颱風、孩子也沒有生病，更重要的是，我們也沒有在昨天晚上前往另一個世界，真的是非常值得感謝的事實。

我們應該要培養感謝的習慣，只有這樣，我們才能擁有幸福的表情。以為孩子和丈夫看到自己就會皺起一張臉的人，大多數是因為自己先皺起一張臉的緣故。當然，媽媽獨自一人是無法擠出幸福的表情的，更別說是開懷大笑，爸爸的幫助絕對是需要的。腦科學家真心說過一句話：「如果你們希望孩子能有好的學習與未來，首先你們就應該要停止彼此的爭執。」

「就連要忍住怒氣都很難了，還要我開懷大笑！」、「總要有好笑的事情才能笑吧！」我似乎可以聽見媽媽反問我的聲音。但是，造物主卻巧妙地創造了媽媽專屬的大腦，孩子扯著小方巾、以企鵝步走路時，就算在他人眼中毫無意義，但媽媽卻可以因此而笑到肚子痛，只是看著孩子就會揚起笑容的話，那麼媽媽不僅大腦是正常的，肺部功能也是正常的；反倒是一週、一天甚或是一小時內注視著孩子，卻怎樣也笑不出來的話，就要留意媽媽是否有產後憂鬱症。

惟有擁有正向的情緒，大腦才能大量分泌名為多巴胺（dopamine）的荷爾蒙，而如果沒有掌管學習、記憶及行為的神經傳導物質多巴胺，就無法解決無數的問題。

因此，**為了要活得健康、活得幸福，媽媽們請在起床之後大笑三聲，再來正式展開一天的生活**。如果因為嚴苛的生活環境，已經忘記該如何笑的話，也請試著用手拉起嘴角，使嘴角微微上揚吧！就算只是這樣，大腦也會以為身體的主人正在大笑；又或者，試著發出最為輕薄的笑聲吧！只要先試試看，自然而然地笑容就會浮現了。不論是不是刻意的，只要先讓大腦判斷主人已經笑了，接著就會分泌多巴胺，而分泌了多巴胺之後，心情就會變得更好了，如果無法因為有好笑的事情才笑，那就是先笑了之後，再讓好笑的事情發生就好了。

許多媽媽們每天總會對孩子說無數次「你們是全世界最漂亮最聰明的孩子」，對於各地美食、風景名勝、對於大腦發育有幫助的東西等各種情報，總是盡力提供給孩子。但是，這一切就只做到國中入學為止。只要孩子進了國中，屢屢可以見到像是已經等待好久似地、認為自己已經做的夠多的媽媽們，突然之間要求孩子必須要像大人一樣的回報——「現在起換我了，我已經愛了你這麼多，現在你也應該要將過去的恩惠全數償還給我了吧！」

但是人類也許是善於遺忘的生物吧！無論過去的記憶有多麼的幸福，近期的記憶如果是不好的內容，就會覆蓋一切過去的記憶，除非是非常重要的記憶。但是，如果只有持續加入漸漸變得頻繁的「你也該念書了吧！」、「你怎麼會這麼笨？」等的嘮叨責罵，以及往來於學校及補習班的黯淡記憶，那麼當時繽紛的回憶也會漸漸褪色的。更甚者，未來在心中造成的傷痛更可能會使過去的美好全都消失。

如果從某一瞬間開始，只持續地給予孩子不好的回憶，那麼積功之塔也可能會在一瞬間崩塌的。不論過去有多麼地幸福，如果現在不夠幸福，那麼什麼都是沒有意義的，只要現在不夠幸福，曾經幸福的過去也會被歪曲成為不幸，這是人類的欲望所衍生出的把戲。而且，現在不幸福的話，就連為未來的幸福做準備的意念也都消失了。

不過就算如此，你也不需要太有負擔感，有時候也可以對孩子發發火、叫孩子自己想辦法，這樣大聲地責備他們也是可以的，只要正向的時間比負面的時間更多就可以了。即使一個禮拜之中有三天是不親切的，只要其餘四天好好地待孩子，短期內是不會發生什麼大問題的，只要正向的比率漸漸地上升即可。若是在一半一半的比例之下，孩子就會開始思考「為什麼媽媽要生下我」這樣的問題，而隨著正向的比例減少，孩子的心思也會開始歪斜。若能從50：50的比例，增加1%，負面也會神奇地降低1%，就會變成51：49，就算只有2%的差異，只要可以從正向更多的狀態下出發，正向的比例一定會越來越高的。

「成為孩子的教練吧」、「成為孩子的伯樂吧」、「只要做這個、不要做那個」，以這樣的方式教導爸媽的養育類書籍很多，雖然在閱讀這類書籍的時候總會點頭如搗蒜，但是在讀完這類書籍之後，心力也耗盡了。就連心理學者也無法一一實踐的狀況下，平凡的媽媽們又該怎麼實踐這麼多的方法呢？為了減輕媽媽們的負擔，如果要我挑選唯一的條件的話，當然就是希望能讓孩子多多開懷大笑。**笑容可以成為肥料，讓內心的嫩芽得以萌發，當內心萌芽之後，想看到他們伸展出更好的人性及安定的情緒不過就是時間問題。**隨著孩子狀態的不同，開花結果的時間有所不同，他們必定是會結出纍纍的果實的。

不論是誰，都無法取代爸媽提供的親情

有一個每天總是得和保姆共度早晨的國小四年級孩子，孩子的爸媽都是CEO，所以很早就去上班，在爸媽出門的時候，保姆也會到達家中，陪孩子吃飯、為孩子穿上衣服，並且送孩子去上學。放學之後，數學、英語、音樂、美術、體育家教老師會依序前來。在晚上九點的時候，媽媽會下班回家，但是如果媽媽太晚的話，孩子就得獨自待在家裡。每到這時候，保姆就會為孩子感到難過，雖然孩子的爺爺奶奶還健在，但卻因為媽媽挑剔的性格，也不願意伸出援手。

因為自己不喜歡，使得奶奶無法看顧孫子；因為自己不安心，不讓保姆住進家裡，作為愛情結晶的孩子只能整天在其他人的陪伴下度過，這樣的媽媽太不應該了。

孩子的爸媽不論是在公司或是家裡，都設下了銅牆鐵壁般的保安設施，六至七名的家教老師也都經過徹底的身家調查才能夠進入這個家庭，他們絕對不會讓孩子處於任何危險的地方。但是這對爸媽所忽視的共有兩點：其一是雖然其他人可以代替爸媽

進行輔導及管理，但是他們卻沒辦法代替親情；其二則是真正可怕的傷害並不是由外在造成的，通常是由內部問題導致的崩壞。

這個世界上最可怕的就是內在敵人，美國九一一事件中有個自崩壞的建築物中生還的男性，這個男人在面對外界巨大的關懷報導中挺了過來，但是卻因為擔心會不會發生什麼事而夜夜失眠，最後竟然因為卡車爆胎的聲音而心臟病發作過世。這就是內在敵人，內在敵人是無法以拖延時間的方式來治癒的。如果現在孩子的身上已經產生了問題，請你不要再猶豫，立刻尋求專家的協助吧！但是，如果現在孩子是正常的，也希望以後不會有需要專家的機會，請你千萬不要將「我愛你」的話當作是未來的作業而推遲它，現在就開始說吧！

4. 伸展思考的枝葉

媽媽必須要是一段時間內的固定對象

透過堅實的情感而向下扎根的心，長出了好情緒及好個性的莖，現在就是伸出枝葉的時間，也就是思考發展的開始。孩子的思考是怎麼發達的呢？孩子的思考機能是從出生的那一刻就擁有的，但在出生之後，原本處於自閉狀態的孩子，思考機能並不明朗，而讓孩子的思考機能得以依據環境而進行最適化反應的就是外部對象。

就像是植物需要陽光，對於孩子而言，也需要一個一段時間內的固定對象，太陽總是固定在早晨出現，夜晚的時候雖然會消失，但早晨太陽一定會存在。而晚上休息的時候，作為太陽分身的月亮則會出現，我們始終堅信著這個事實。如果在我們晚上睡著的時候，太陽偷偷逃跑，恐怕我們會再也無法入睡了吧！就像是太陽絕對不會背棄我們一樣，媽媽也不能背棄孩子，就算是因為無可避免的事情，在媽媽暫時不在的時間裡，失去得以適應環境的外部對象，那麼孩子是沒有辦法睡著的，就好像在沒有北斗七星的黑色夜空之下，我們會找不到方向一樣。

不論是面對怎樣的思考紊亂，擁有驚人能力的人類都能一一克服。當其他孩子一邊學習著「大海」、學習著「水」、學習著「江流」、「魚」、「船」，一邊使自己的思考得以擴張的同時，思緒混亂的孩子卻仍然停留在「大海」，因而漸漸失去了原本具有的無窮能量。雖然在這樣的孩子身上仍舊可見外在的反應，但是能充盈人生思考活動的創造力與好奇心卻停止了。如果將其比喻為不得不起身工作，卻沉迷於酒精之中，以發傻的眼神看著電視機，又毫無想法沉沉睡去的酒鬼模樣，我想你應該就能瞭解了。這些人在出生的時候，眼神都是亮晶晶的，但是沒有能回應他亮晶晶的眼睛的對象，於是無法進行有趣的思考遊戲，而最後他也失去對於這個世界應該要具有的好奇心及創造力。

因為嚴重的憂鬱症而入院治療的孩子，在完成句子檢查法之中，寫了「我的媽媽對我來說好難懂」這樣的句子。雖然媽媽希望自己能夠充滿魅力，不過，面對孩子時實在不需要維持神祕的形象。對於孩子而言，特別是未滿六歲的孩子，媽媽必須要是明白、透明、一貫的存在，如果孩子習慣了這個時間在家的媽媽，那麼媽媽就應該在這個時間待在家裡；如果孩子知道「現在媽媽會幫我準備點心」，那麼媽媽就應該照慣例準備好點心；如果孩子認為「我大笑媽媽會開心」，媽媽就應該要表現出開心。如果是帶著不同以往的表情、態度，甚至是指責孩子，那是會對孩子造成思考混淆的！

而孩子注視著媽媽的眼睛，一邊想著「媽媽的眼睛紅紅的，好像發生了什麼事情」，一邊讀出媽媽的心思，這樣的行為便是透過媽媽來試圖理解這個世界。只要這樣的練習可以成功，孩子也會擁有自信心，並能進一步認識世界以及他人。

確認安全之後，才能進行後續的大腦發展

心理學家尚・皮亞傑（Jean Piaget）所命名的「物體恆存」，是指就算物體或對象從眼前消失，這個物體或對象也不會消失的概念用語，是一個大約從十個月左右到三歲之間會形成的現象。這裡，又再一次地出現了魔法數字「3」，希望能夠讓各位讀者對於我所強調的「出生後三年」更加深印象。

皮亞傑透過觀察孩子找出被毯子蓋住的杯子的現象而發展的「物體恆存」概念，多數媽媽都能藉由「猜猜我在哪裡」的遊戲確認這個概念，孩子這樣的行為可以讓我

們清楚地看到對於「知」的好奇心，及知能的發育原來是這麼令人享受的過程，更讓我們清楚地看到孩子的大腦被正向地強化。而原本有趣的「知」的遊戲，卻可能從長大後的某一瞬間起變成地獄般的酷刑，這都是因為大人們錯誤的指導所造成的。

讓我們來想想以「物體恆存」概念作為基礎，所實現的思考發展過程，你一定能輕易理解——思考的原始型態是「相同V.S不同」的概念，其中又以「相同」為最優先。惟有在「原來這是我出生的地方，原來這是我生活的地方，原來這個人是昨天的那個人」等重複確認存在後，孩子才能放下七上八下的心，好好生活。而只憑一次的經驗就確立「相同」的事實是不容易的，所以必須在經歷數次相同的經歷後，「相同」的概念才能確立，而在此之後，孩子便能瞭解所謂的「不同」了。

於是，**「在一定期間內相同的外部對象」不僅是對孩子在情緒及個性方面的發育有極大幫助，就連對物體恆存的理解（即思考發育）也是絕對必要的條件**。當孩子因為可怕的噩夢而驚聲尖叫時，媽媽一定會跑來安慰他，這個行為的意義就是在表達「沒關係、沒關係，沒什麼不同的，你還在這裡，媽媽也還在這裡」，並且協助孩子確認「物體恆存」的概念，使其從可怕的噩夢中醒來。當孩子為了尋找安心對象而不時轉動著眼珠時，不僅無法保護自己，更難以確立「物體恆存」的概念，對於腦部發育更有其相當的阻礙。

注意力不足過動症ＡＤＨＤ可能是爸媽造成的

行文至此，我要告訴各位一個重要的事實，在不安的情況下，因為沒有能讓自己安心的對象而轉動著眼珠的行為，我們似乎常常可以看見，這和注意力集中障礙是類似的，如果更明確地說，就是與被稱為「注意力不足過動症（ＡＤＨＤ）」的疾病類似。根據臨床統計，台灣兒童患有ＡＤＨＤ的比例約為７％左右（國際統計為５～10％），即台灣約有二十多萬小朋友受到此疾病的困擾。而鄰近的韓國，幼兒及青少年的精神疾病之中，平均每十名兒童就有一名罹患ＡＤＨＤ，在二〇〇九年所實施的全面調查中發現，共二十六個小學四千一百〇七名一年級學生當中，共有24.2％的高比例被分類為精神疾病的高危險群。特別的是，在判定罹患精神疾病的孩子中，十名中約有六到七名同時罹患ＡＤＨＤ，比例相當高。早期的ＡＤＨＤ雖然被分類為幼兒疾病，但因為沒有適當的治療，而導致症狀持續，目前也有被診斷出的成人患者。

ADHD的歷史相當悠久，依據不同的研究，也發現許多各式各樣的病因，如精神疾病的共同原因——大腦構造上的異常、神經傳導物質的分布不均等神經系統的異常，或是遺傳性的原因等，除此之外，重金屬及農藥殘留等環境因素也被認為是誘發ADHD的可能原因。

但是為什麼症狀會越來越嚴重呢？就算醫學越來越發達，遺傳學、神經科學、腦構造的問題並沒有隨之減少的原因究竟是什麼呢？

首先讓我們來思考教養的環境吧！必定是其中的某個環節發生了錯誤。最近從孩子身上看見的錯誤，其實是可以從爸媽身上看出端倪的。因為爸媽沒有長時間與孩子對視，使孩子的視線變得分散，視線分散之後，注意力也隨之下降了。爸媽的眼神如果快速地轉開，孩子的眼神也會跟著轉開。你還記得你上一次注視著孩子眼睛的時候嗎？孩子的眼睛是什麼顏色呢？今天早上孩子眼睛裡是怎樣的感情呢？在我們的日常生活之中，幾乎沒有能慢慢進行的事情，但是在這樣的環境之中，孩子也會誤以為注意力快速被轉移是正確的，而使大腦朝這個方向發展。

在我看來，孩子的注意力不集中是爸媽所造成的病症之一，無法自爸媽身上獲得穩定的溫度、氣味及持續而正面的聲音，就如同不得不在山林野外如廁的不安狀況一樣，因為不知道危險會從何處來臨，所以會持續東張西望，而這樣的狀況就成了ＡＤＨＤ的症狀來源。忙碌的媽媽不論是在市場買菜、或是在料理的時候都是快速進行著，就連將菜葉一片片清洗的時間都沒有，所以就算不是在大量使用農藥的地區，也可能會導致孩子體內的農藥含量上升。

在爸媽都很忙碌的家庭中，為了確保爸媽的個人時間，常常會允許孩子長時間地看電視、用電腦，而藉由遙控器及滑鼠，孩子眼前的聲色畫面瞬間萬變；孩子也必須上各式各樣的補習班，如果成績不見起色，下一個月就立刻更換補習班；孩子的玩具各式各樣，沒有讀過的書層層疊疊像座小山。生活中的變化與刺激太多，反而讓人不容易集中注意力。

相信在不久的將來，在各級學校之中，平板電腦將會普及，而教科書將會消失，但這件事卻是需要慎重考慮的，絢爛的聲光效果之中，孩子們的注意力不僅會變得散漫，視力也會變得更加糟糕，而人際關係也會變得更加貧脊。

就如同前面所說，幼兒園老師平均一天能夠直視一個孩子的時間不過是八分鐘，這的確是誘發注意力不集中的絕佳條件！在八分鐘之外，原本注視著自己的對象轉開了視線，孩子的眼睛及大腦也只好跟著轉開，對於三歲前的孩子而言，是極為令人憂心的環境。事實上，應該盡可能讓每位媽媽完整地照顧孩子，這樣一來，每位幼兒園老師可以分配到最少的孩子，自然也能拉長與孩子對視的時間，這才是好好養育下一代的正確方法。

孩子一旦投入，就可以立刻開始學習

幾年前有過一次經驗，那時剛結束夏日休假，在回家的路上來到某個小溪谷，孩子們與爸爸一同玩耍，而我在一旁看著。那時附近正好有個媽媽抱著還未滿週歲的孩子，孩子的手中抓著石子往溪水裡丟，聽見「噗通」的聲音後，孩子就咯咯地笑了起來，每丟一次就咯咯地笑，就這樣持續了一個半小時。這真的是非常驚人的專注力！自己試圖要進行某件事，無論最終獲得的結果是什麼，都能專注地進行，而讓孩子持續進行相同行為的媽媽也同樣有著驚人的集中力。在那當下，我真有股衝動想上去告訴這位媽媽：「妳的孩子長大後一定會成為優秀的人才，請好好教育他！」但是因為自己不愛管閒事的個性，最後還是作罷了。

在那之後大約三年後，這次是在刀削麵館發生的事情。一位媽媽帶著兩歲大的孩子與朋友一同在麵館裡吃午餐，固執的孩子連水也要自己伸手拿來喝，媽媽夾小菜他一定會再用手拿出去丟掉，在一旁看起來就是個不聽話的搗蛋鬼。因為在朋友的面前，也不能不好好教育孩子的媽媽，便責備孩子說：「警察叔叔要來把你抓走囉！」但是孩子卻仍然自顧自地不理會媽媽。毫無辦法的媽媽，只好交給孩子一隻叉子，不過卻又因為使用了叉子，讓麵條自盤中掉了出來，孩子立刻丟開手中的叉子，將盤子中的所有麵條完美地用手放進嘴裡吃掉。之後，媽媽持續地想讓孩子握好叉子，大概重複了五六次，每一次孩子總是重複前面的行為，麵館的地上也就有著五六隻叉子。

坐在隔壁桌、注意著孩子一舉一動的我，這次，愛管閒事地對隔壁桌的媽媽說：「孩子幾個月了？雖然好像很調皮、也比較固執，不過看起來是個很聰明的孩子，請妳一定要好好教育他才行喔！」講完便離開了麵館。在那一瞬間，媽媽的臉都亮了起來，是因為我為她重新塑造了在朋友面前的威信而感到感激的關係嗎？這孩子的貪吃、專注力以及知道手會比叉子還更好用的直覺，顯示了未來不論往哪一個方面發展，必定都可以成為一個優秀的人才。如果在孩子連續五次拋下嘗試握住的叉子後，卻還是不懂孩子的心思，只知道要繼續將叉子塞給孩子，還認為孩子不乖的媽媽，這樣的媽媽可能有點遲鈍喔！

無論任何行為，孩子只要投入，就立刻可以開始學習，而在這段時間之中，孩子的大腦則是會急速地發展，當然，投入在電腦遊戲則是例外的。不過，許多媽媽卻會在孩子投入之後，立刻又要孩子停止，分散孩子的注意力，這是因為在媽媽的立場來看，還有很多更值得投入的事情。注意力不集中的孩子是無法成為專家的，曾經有研究指出，無論是鋼琴家或是高爾夫選手，他們的集中力在特定的大腦區塊是被活化的，而業餘者則是在大腦許多區塊都被活化。忙碌的爸媽為了要確保自己的時間，而提供孩子過多刺激的環境，最後，我們的孩子就只能成為業餘者，就算長大成人，屢次變換職場，也無法發揮一技之長，雖然每件事情都可以稍微做一點，但卻沒有什麼是確實可以做好的。

在五歲時忍耐十五分鐘，人生就會有所不同

我個人主張，不應該在孩子未滿六歲之前要求他們做些什麼，或者故意要他們做什麼，不論是英語、音樂、舞蹈，就連是數字、顏色我也是抱持這樣的態度。在我看來，只要一點一點地讓他們嘗試其中的滋味，如果他們覺得有趣，才應該再給予他們更多的刺激。

這樣的概念是來自《先別急著吃棉花糖》（*Don't Eat the Marshmallow... Yet!*）這一本書，是作者以參加實驗的孩子作為對象展開的有趣故事，同時也是心理學領域中廣為人知的故事。美國史丹佛大學心理學者沃爾特・米歇爾（Walter Mischel）所設計，以六百名四歲幼童作為對象所進行的實驗之中，首先分配每一個孩子一個棉花糖，並且要求他們先不要將手中的棉花糖吃掉，只要忍耐十五分鐘，就可以再多獲得一個棉花糖。米歇爾進一步觀察這群孩子在十年後的生活，雖然在六百名實驗對象之中，最終只獲得了兩百名的資料，但是其中可以發現，**可以多忍耐十五分鐘的孩子，比起無法忍耐的孩子，不論是在集中力、邏輯能力、做事有計劃性，並且在成績、人際關係、壓力處理等多種領域都可以發揮優秀的能力**，並藉此主張能為了更大的滿足及回饋而

堅持的「延遲享樂」能力，是成功的指標。

米歇爾以參加實驗者的面談內容作為基礎，研究了能克服誘惑，也就是願意延遲享樂的心理學機制，並統合了成功者的內心陳述（我決定不要吃棉花糖），進而瞭解他們的思考戰略。其一是「分散注意力」（為了不要想起棉花糖而唱歌），另一則為「動員想像力」（想像之後就可以一次吃兩個棉花糖），換句話說，延遲享樂就是思考的力量。這裡所指「分散注意力」與「注意力散漫」是不同的，前者是一種機靈的思考轉換能力，後者則是非效率性的思考偏離。此外，想像則是將思考對象的具體特徵（例如好吃的香味，柔和的觸感）轉換為抽象特徵（想像之後吃棉花糖的模樣），是需要極高度的思考能力水準的。

願意延遲享樂的認知過程，將成為成熟思考力的基石，也會成為一輩子巨大的資產，《先別急著吃棉花糖》之中，將資產的意義直接以金錢作為表達，選擇是要現在立刻獲得一百萬美金，或者是長達一個月的時間中，以倍增的方式，今天獲得一美金、明天二美金、後天四美金……，雖然大部分的人會選擇現在立刻取得一百萬美金，但是，如果決定等候一個月才領取金錢，那麼足足可以獲得五億的鉅款！

重複進行米歇爾的其他實驗之中，更加仔細地呈現了心理學上資產的意義。英國的泰利・摩費特（Terrie E. Moffitt）博士及美國杜克大學共同研究小組擴張了米歇爾的實驗，在一九七二～一九七三年四月間，於紐西蘭出生的一千名孩童之中，觀察他們在三歲的行為，並且比較他們在三十年後的健康狀態、經濟能力、犯罪紀錄等各種資料，結果顯示，在三歲時候自我控制能力分數越低的孩子，在長大成人之後，罹患高血壓、肥胖症、性病等疾病的風險越高，而對於菸酒、藥物依賴的比例也更嚴重，他們在經濟上的狀況也不佳，甚至在犯罪率的統計資料也有比較高的比例。

英國所進行的研究則是以先天性情具有極高相似度的五百對雙胞胎作為研究對象。雙胞胎之中，五歲時自我控制能力分數較低的孩子，未來抽菸的時間點也會比較提前，在國中時期發現具有反社會行為的比例也會比較高。研究團隊並表示，觀察五歲時的行為就可以知道未來長大成人的模樣，因此爸媽應該要從孩子幼年就致力於養成他們正確的行為與思維。

如果能做到延遲享樂，長大成人之後，就不容易在壓力狀況下發生衝動行為，而是可以忍耐，並擁有合理應付的思考能力。光是小學時期，每天也會遇到幾次需要延遲享樂的時間，而長大成人之後，必須延遲享樂的時間又更長了。肚子裡的孩子到出生需要等候二百八十天；雖然立刻就想要買一輛轎車，但是卻得壓抑這樣的欲望，首先得貯存足夠的金錢；以十年後要擁有自己的房子作為目標，忍耐現在生活中的超額消費……等，也是小時候好好接受延遲享樂訓練之後，才能毫無問題做到的事情。

那麼，對於我們的孩子，我們應該做什麼呢？當他們到了四歲左右，就可以一邊給他們喜歡的餅乾，並且告訴他們「忍耐十五分鐘之後，會再給他們另一個。」如果孩子忍耐了十五分鐘，就得給予他們無限的稱讚洗禮，並且如同約定地給予他們第二個餅乾；如果孩子立刻就吃了手中的餅乾，也只要告訴他們「怎麼會跟我小時候這麼像呢」就夠了。以二、三個月作為間隔，重複這樣的試驗，直到六歲之前都不需要覺得急躁，只要可以在孩子進入國小前完成即可。若直到六歲還無法完成這個訓練，那麼就有要長期抗戰的心理準備，一邊理解孩子現在忍耐度不足，一邊模擬可能會發生的問題，也就是在學校或公共場所中所需要注意的部分，這樣就可以，不要過度反應。

只要從四歲開始持續地嘗試，幾乎沒有做不到的孩子，不一定要是食物，糾纏著要忙碌的媽媽讀故事書給自己聽的孩子，對他們說「多忍忍十五分鐘就讀兩本故事書給你聽」也是一個很好的方法。不論是怎樣的事物，只要可以讓孩子忍耐超過十五分鐘以上就算成功。

此外，有特別需要注意的兩點：首先，就算孩子立刻將餅乾吃掉，也不應該對他們感到失望或是責備他們，只要繼續以兩三個月作為間隔，花費兩三年的時間持續進行就可以了；其次，爸媽一定要遵守約定，如果手邊餅乾不夠，就算三更半夜也一定要衝去便利商店變出第二個餅乾才行。如果等到明天才兌現，延遲享樂的時間太長，事情的因果關聯性會下降，也會讓孩子對爸媽產生不信任。如果米歇爾的實驗之中，設定了就算忍耐十五分鐘也不會獲得第二個棉花糖的第三個群組，他們是非常可能會成為青少年犯罪者的。

如果可以在就讀小學之前成功完成這項訓練，對於未來作業的管理也會有幫助。當孩子說：「媽媽，現在我可以看電視嗎？」媽媽也不用直接回絕，而是可以回答：「如果你先把作業做完，再來看電視的話，就多讓你看二十分鐘。」他們絕對會接受這個條件的。

而當小學時期有成功的作業管理，對於國中、高中的學習管理也就更有助益。

需要注意的一點是，在孩子為「延遲」努力的時候，家裡不應該有任何人在「享樂」才是。如果爺爺、奶奶有一定要看的電視，請將房間門關起來；但若是爸媽在看電視，那孩子一定會起身抗議的。為了孩子未來的可能性，爸媽也請共體時艱吧！

5. 魔法時間三小時，讓全家人都變幸福

警察三分鐘到達現場，媽媽三十分鐘返抵家門

只要瞭解將時間投資在孩子身上的重要性，那麼，就算是需要跳過火圈，媽媽們也一定能找出方法，思索著該如何改變現在的生活模式，只為了將時間留給孩子，又不會對工作造成障礙。

有位因為嚴重憂鬱症而來到醫院的母親向我哭訴：「這一切都像是我的錯。從三年前我接下家教工作後，就只能在媽媽們期望的時間去上課，在上課期間，聽見那家孩子的媽媽在廚房料理的聲音，心裡真的覺得非常難過，這家孩子吃著媽媽親手準備的晚餐時，我家的孩子只能用乾麵包獨自解決晚餐，只要這樣一想，心就好痛。」

這位上下班時間不固定的媽媽，其實也可以這樣調整：在晚餐時間暫時回家一趟，陪孩子吃完一頓溫暖的晚餐，也看看孩子寫作業的狀況，大概一小時的時間，如果有要求這個時段上課的家長，就請斷然地拒絕吧！重點在於，下定「一定要與孩子一起度過這段時間」的決心，那麼，無論遇到怎樣的狀況，也一定能夠找到相對應的

解決對策。

為了投資在孩子身上三小時的時間，如果是職業婦女的話，有以下三點是需要特別留意的：**第一、在下班之後，應該要盡快到達孩子身旁；第二、媽媽的職場應該要離家裡越近越好；第三、在下班之後，會妨礙自己與孩子相處時間的一切事物要全數排除。**請你想想自己的居住地及生活習慣，結婚後購置房產的地方，並不是交通便捷、房價會繼續上漲的地區，而是在媽媽下班之後能夠盡快回到孩子身旁的地區。在結婚之後，首先應該要考量的不是自己的升遷、自我開發或是家居環境的改善，而是孩子的安定。

■下班之後的三小時，屬於孩子所有

直到第二個孩子就讀小學之前，娘家媽媽一直都與我一起生活，也替我照顧孩子，想來還真是一件幸福的事。在我第一個孩子四歲的時候，從媽媽那裡聽說，在我回家前一、二小時，孩子常常望著玄關門，也會一直進出廁所，像是要把一整天的小便都在短時間排完似地。這是孩子正在等待媽媽的行為，一邊想著為什麼想念的人還不出現，一邊表現出坐立不安的模樣。四歲的孩子都還會如此，那麼剛出生的孩子又會是怎樣的呢？無法將自己真實的想法表達出來的他們，會在心中多麼懇切地呼喊著爸媽呢？孩子並不是只會在年紀小的時候找爸媽，我女兒到現在還是會問我：「媽媽，妳明天什麼時候回來？」某一天，我問她：「媽媽如果很晚才回來會怎樣？」她說：「一定會覺得很冷清又很無聊，就算哥哥和爺爺、奶奶都在身邊，心裡還是會覺得空虛，可能還會睡不著覺。」我又問她那媽媽最晚得在什麼時候回家、她心裡才會平靜？她的答案則是在吃晚餐之前。已經上了國中的兒子的答案是晚上十點前都可以，但是如果再更晚爸媽還不回來，他也會覺得不安的。在孩子要進入夢鄉之前，如果沒有辦法看見爸媽中任何一方的眼睛，或是聞聞他們身上的味道，那麼孩子也是會睡不著覺的。

其實，最讓我感到惋惜的就是將孩子託付給遠住在鄉下的爺爺、奶奶，一個月去看孩子一次，或是直到過了二、三年後，才將孩子帶回身邊的狀況。這個時期是孩子配合爸媽而發育大腦構造的絕對重要時期，在讓孩子配合奶奶兩、三年之後，又必須轉而配合爸媽，這對於孩子而言將是無比巨大的壓力，就好比在職場中同時擁有兩個直屬主管似的。無論是什麼原因，在做這個決定前，請以孩子的立場為優先考量。雖然一開始可能會有點困難，但是你一定能找到解決之策，就算少賺一些錢，只要能將心思集中在孩子身上，孩子也能更加地安定，只要孩子能安定地成長，爸媽也能更加安定地在職場上長長久久地工作。

在決定每天要與孩子共度三個小時之後，我總是會想著，為了在下班之後盡可能地快速回到孩子的身旁，自己還應該做些什麼。第一點，盡可能地減少傍晚的聚會。在我家老么滿十歲之前，除了必要的聚會，如同學會、婚喪喜慶之外，我拒絕了所有晚間的外部活動，再怎麼不錯的研討會，或是收入比較高的活動，只要會讓我三天以上看不到孩子的臉孔，我都會當作是與我無緣的工作機會。一開始當然是辛苦的，但是因為我已經下定決心要將心思集中在最重要的對象身上，這樣想來，真正必須要參加的聚會也沒剩下幾個了。而若真有無論如何都得出席的活動時，我會請丈夫早點回家，或是請媽媽暫時來家裡幫忙，但是就算如此，我還是會以陪伴孩子為第一考量，所以就算是公司聚餐，我也絕對不會參與第二輪的活動。

■尋找距離公司三十分鐘以內的房子

第二點則是絕對要找到距離工作地點三十分鐘以內的房子，就算別人說周邊環境不怎麼樣、社區的氣氛有點糟糕……等，但是因為想要立刻回到孩子身邊的想法占最大比重，這些要素我從一開始就不曾列入考量。喜歡樹木林立、好空氣好環境的丈夫，對於我認為房子應該要離工作地點近的理由，總是說我自私自利，他大概認為我只是為了圖利自己吧。但是，如果要找到好空氣好環境的房子，必定是位於郊區，光是往返就需要花費兩個小時的狀況下，我實在沒有自信能在回家之後，還花費三個小時的時間，抱抱孩子、陪孩子寫作業、幫孩子洗澡、為孩子念故事書。通勤時間拉長之後，就必須要更早起床，更早出門，那麼孩子在上學之前，必須獨自待在家裡的時間也就拉長了，想在早晨好好照料他們、為他們準備早餐也將是一件難事。好的空氣、便利的交通、優秀的教育環境、寬廣舒暢的房子……雖然光是聽聽也讓人覺得心跳加快，但是如果無法同時擁有這一切，那麼究竟該將哪一項放在最優先順位呢？我會認為應該要將時間保留給孩子。我們總是無法滿足身邊的每一個人，也無法擁有所有想要的一切，但我相信，只要隨著時間過去，我就可以一一擁有所有我想要的一切，總有一天，我也能生活在空氣好的地方，也可以自由自在地參與所有的晚餐約會。

在到家之後，兩個孩子同時一邊叫著媽媽、媽媽，一邊黏著我，有時候，也有因為黏上我的先後而決定講話優先順序的時候，在等待自己順序的孩子，想要趕快發表意見而急促的表情，真的像是眼睛裡面要發出雷射光似的。要透過媽媽才能確定自己存在價值的時間，並不會持續千萬年之久，大概在十歲左右會到達頂點。然而就算只到現在為止，爸媽的肩膀、目光、耳朵，都應該要優先提供給孩子。也因此，如果不是能在凌晨兩點就寢、清晨五點起床的鋼鐵媽媽，那麼還是應該要在距離住家三十分鐘的職場工作才是。

■在家中的時間，要毫無保留地集中在孩子身上

第三點，則是要處理掉在回家之後會影響自己與孩子相處的所有阻礙。第一名怪物是電視、第二名是網路、第三名是臉書、推特等社群網站。在孩子就寢的十點之前，不僅不要看電視，就連網路也應該要完全關閉，臉書、部落格，甚至是LINE也

都不應該使用，因為這些事物都可能在一瞬間浪費掉我們一小時以上的時間。只有依照自己的體力、餘裕，將生活盡可能地單純化之後，才能夠擁有足夠的能量，讓自己堅持到孩子十歲為止這漫長的時間。每當我要與丈夫聊聊天，孩子就會爬到我的膝蓋上，要我將注意力集中在他身上；當我心情不好希望獨處的時候，孩子就會吵著肚子餓，要我準備餐點給他。如果沒辦法優先解決孩子，那麼我們的所有行為都無法獲得真正的平和及安定。

我有一句話絕對要告訴想要生養孩子的夫妻們：請在你們有絕對自信可以在下班後陪伴孩子至少三小時的時候再生孩子，如果在無法遵守的狀態下生下孩子，之後又埋頭於工作、埋首於學業，那麼無論哪一件事都無法完美地完成，只是一再收拾殘局，一事無成。這是忙得昏頭轉向的前輩我最為誠懇的忠告。

暫時將生命的聚光燈照向他人

一邊安全地保護孩子，又同時讓自己在職場工作上表現到最好的媽媽們的身影，真是非常優秀也非常美麗，但是，就算為了孩子必須暫時辭去職場上的工作，也不需要擔心是不是只有自己正在退步。

秦始皇為了要取得長生不死的靈藥，曾經派遣出數千名的使者去尋找，他的臣子及百姓們雖然尋遍了中國各地及周遭各國，但是仍然無法找到長生不老之藥。聽說他們也曾經到過濟州島，取得了濟州島的山蔘，並且欺騙秦始皇這就是長生不老之藥。在這麼勞師動眾、只為了製造長生不老之藥的最終結果，所發明的東西卻是火藥。如果能將尋求長生不老之藥的誠心態度拿來教養孩子，如同火藥般的發明品也會出現的。無論如何，我希望為人父母者可以帶著愉悅的心情進行，盡情地利用如地球村的世界吧！並不是人人都要從事朝九晚五的工作，這是歷史上給予最多自由的時代，不論是要退後一步，或者是向前走一步，只要能更有餘裕地放寬眼界，一定能找到沒有恐懼或焦慮，又能順利地、有趣地安排自己人生的方法。

為了要讓媽媽每天最少留給孩子三小時的時間，整個社會制度也應該要成為媽媽的後盾，爸爸也是雙親的一份子，但是奇怪的是，比起作為「爸爸的角色」，在亞洲，男人卻更被要求作為「社會的角色」。在韓國家庭中，將時間留給孩子的人有95％是媽媽，在孩子出生之後，雖然大部分的媽媽必須迎來工作與家事平行的辛苦變化，但是爸爸卻可以擁有與過往差不多的生活。公司仍然期望孩子的媽媽有相同的工作及成果，政府則是只有在戶口調查時新增一位人員數，對於政策上也沒有什麼不同。

只要遵循魔法時間三小時，爸爸所享受的幸福也將增大，孩子教養得越好，不論是金錢的花費，或是必須費心神的時間越能減少。在媽媽沒辦法挪出三小時的日子裡，請爸爸將一切放下，代替媽媽挪出這三小時吧，為疲倦的媽媽分擔一些她的勞苦，只要能做到這一點，不僅絕對不會有因為孩子的問題而被叫到學校的事態，就算不對孩子嘮叨，孩子也能自己求學，並且自行尋找適合自己的事情。在年輕的時候，遵循每天應該投資給孩子的三小時，夫妻之間共同努力的話，絕對能夠迎接幸福的老後生活。

6. 一天三小時，專心陪孩子玩吧！

陪孩子玩三小時，就能多活三小時

孩子的奶娃味會激起爸媽的幸福感，這是因為孩子的氣味就是你我未染上世俗汙泥前的味道，是一種純真的味道。而幸福感能強化免疫機能，讓我們的身體變得更加健康。遭受醫生下達癌症末期判決的癌末患者，在離開都市來到山間之後，變得更健康的原因也是因為嗅聞到無公害的生命原味。每當下雨天，我們總是會想起孩提時期，媽媽為自己準備的點心和麵茶，如果能吃上一碗，也能獲得充分的力量。這是因為在心情低落的時候，我們會想要填滿已經缺乏的純真味道，他能讓我們恢復健康、恢復元氣。現在，只要回到家裡，就會有個擁有生命的小小生命體，跑向自己，展開雙臂擁抱著自己。就算因為太晚下班，孩子已經睡了，那麼也請躺在孩子的身邊，聞聞孩子身上的氣味吧！這可以讓你揚起嘴角，偶爾也會讓你隨之流淚，但是，卻可以為你治癒一整天的傷痕。

其次，只要我們能堅守這三小時的約定，孩子也將自然而然地延伸「安定自主」

的概念。在我們中年之後，也能將付出的時間反饋在自己身上，而不是擔心孩子是否惹事生非、職場不如意、婚姻不順遂……等，只要幼時陪伴他們三小時，我們就能多擁有三小時的美好人生。魔法時間333是孩子與爸媽都獲得美好結局的帥氣旅行，所以，不要再猶豫了，一起搭上333魔毯吧！

有些爸媽會花費過多時間在「與孩子多多對話的爸爸聚會」、「讓孩子輕易考取大學的媽媽聚會」等團體，為了收集各式各樣的情報，而延遲了與孩子共同展開的生命旅行。又或者為了要參加「與孩子多多對話的聚會」，結果發生沒有多餘時間與孩子共進晚餐的矛盾行為。

最近關於心靈導師的書籍非常受到矚目，人生在世太過辛苦，希望能藉此獲得提升身心靈的力量吧。但是，為什麼會對眼前痛苦的孩子置之不理，卻非得到遠方尋找心靈導師呢？爸媽是除了神之外，最瞭解自己孩子的人，所以比起任何人，還具有成為孩子的心靈導師的資格及義務。

我們必須告訴孩子的話，其實並沒有想像的那麼多，只要依據各個家庭狀況及孩子的特性，一貫性地告訴孩子「盡你的全力，為你的人生負責吧！成為能照顧、關懷他人的人吧！」這樣的話就夠了。

我曾經問過一些爸媽，他們想要告訴孩子的話是什麼？有個媽媽這麼回答我，她希望自己可以在女兒滿十歲的時候告訴她：「如果以後妳的男朋友說妳長的醜，要妳減肥，不然就要跟妳分手的話，請妳記得，妳並不是長的醜，只是妳的美感不符合他的審美觀罷了。」另外，她也希望自己可以在兒子滿十二歲的時候，這麼告訴他：「如果你有什麼想買的東西，希望你可以在存夠一半的錢之前，都不要放棄這個心願。」而另一個爸爸則是希望自己可以在孩子滿二十歲的時候，告訴他：「如果有任何人請你借他錢，那麼請你抱持著這筆錢再也拿不回來的覺悟，將錢借給他吧！」還有：「除了神和家人付出的愛之外，這個世界上沒有什麼是免費的，所以，如果和你毫無關係的人，告訴你可以免費給你什麼，你就應該要以詐欺未遂控告他。」

無論是以自己的過往經驗作為基礎，或是古今中外深具智慧的名言，如果孩子從小就聆聽這些話，那麼，當他們長大成人，也將不會這麼容易受傷，他們更可以快速地找尋到自己的本體性。此外，**比什麼都更重要的一句話，惟有從爸媽口中說出可以產生效果而任何一位心靈導師都無法成功的魔法，那就是——我真的很愛你。**

因為我們比他們活得更久，所以，在我們離開這個世界之前，我們都可以一直成為孩子們的心靈導師，歷經四、五次江山改變的我們，直到孩子度過了他們的青春期、直到孩子成為別人的丈夫或妻子，直到孩子成為別人的爸媽，直到孩子面對健康問題，雖然心痛，但是我們依然還是可以用「至少你還活著」這句話，安慰他們，擁抱他們。

一天三小時，讓孩子一輩子自動升級

一天至少三小時，光只是傳遞爸媽的溫度及氣味，就能讓孩子們健康地成長。

聽到這句話的某位未婚女性，曾經反問過我，就算有這樣的決心，那麼又該如何填滿這三小時的時間呢？這個問題未免過於杞人憂天，只要是養育孩子，其實三小時的時間是不夠的，但是，只是為了不要讓她覺得失望，我還是簡單地說明一下填滿這三小時時間的方法。

「付出三小時的時間」，這句話其實和照顧孩子的意思是一樣的，特別是對於還未滿三歲的孩子，媽媽的注意力離開他們超過三秒鐘的時間都是不被允許的。

在我的第一個孩子大約十五個月大的時候，因為前一天晚上沒有聞到媽媽的氣味，清晨一早就醒來，吵著要我陪他玩耍，似夢非夢的我陪他來到客廳，與他玩了一陣之後，因為沉重的眼皮而偷偷地瞇了一會，又再次發揮超人的意志力睜開了雙眼，就在這未滿三秒的時間之內，孩子已經將一隻腿跨上了餐桌，而正在努力將另一隻也放上餐桌，我大聲尖叫著：「不行！」如果我的精神好一點，只要走過去，輕輕地將孩子抓下餐桌就好，當時已經驚慌失措的我，竟然只能驚聲尖叫。不知道是不是因為這樣，第一個孩子從出生起學會的單字之中，除了「媽媽」、「爸爸」、「奶奶」之外，也包含了「不行」，似乎是將作為外部對象的媽媽，大聲尖叫的這個單字也當作是重要的單字吧！

在孩子學會爬行之前，三小時的時間中，大抵是以洗澡占了最多的時間，不論你是否願意相信，但是媽媽育兒教室告訴我，「只有在六個月之前每天幫他洗澡，他才能順利地長大。」所以每天傍晚，光是準備洗澡、正式洗澡、後續整理，一個小時的時間飛快地就過去了；其他的兩個小時中，餵奶、換尿布、餵水、換尿布，哭的時候抱抱他、揹著他四處轉來轉去，也很快地就過去了。孩子心情好的時候，笑咪咪地躺在媽媽身旁，舞動著四肢的時候，媽媽雖然也可以在這段時間暫時做些別的事情，但是這時候的孩子真是太可愛了，這樣的瞬間就如同夢境一般，讓媽媽的目光甚至沒辦法自孩子身上轉開。

而自孩子開始會爬行或走路之後，陪孩子度過個三小時就更簡單，只要讓孩子跟著自己就可以了。當孩子前往危險的地方時，將孩子抱回原本的位置。無論再怎麼清除，每天總會出現的危險物品，時時刻刻制止孩子碰觸危險物品、讓孩子離開危險場所，三個小時很快就會過去。孩子的爬行及走路其實都是他們學習的一環，媽媽只要跟隨在他們身後就好。而當他們走著走著，突然停下腳步，動也不動的話，那也可以看做是他們正在以極大的專注力，集中開發他們大腦的神聖瞬間，不要輕率地動手拉扯他們，只要在旁靜靜照料著觀察即可。

孩子再稍微大一點，可以坐著畫圖或讀書的時候，在客廳裡準備一張大桌子或是餐桌，媽媽不論是去洗碗，或者是打掃，只要讓孩子在媽媽的視線範圍之內就可以。

當孩子開始獨自移動，可任他們自行移動，但要注意安全，孩子就像小狗一樣，是一瞬間都沒辦法靜下來的。這三個小時之內，他們究竟會做什麼，其實也不需要特別擔心，媽媽並不需要每天早晨在孩子身上設定特定的程式，也不需要在每天傍晚貯藏特定的程式，只要在他們身旁守護著他們，孩子就會自己成長發育的。無論是多麼高級的電腦，在經過兩年之後，速度都會降低，魅力也會漸漸消失，但是孩子卻會隨著時間而變得更加敏捷，更加聰明伶俐，一輩子都會自己升級。

只要媽媽在自己的身旁，孩子可以一整天探索世界，一整天開心度過，如果能讓他們接觸到有著各種各樣的刺激、陽光及新鮮空氣的大自然，那麼就更是錦上添花了。孩子會在相同的地方找尋到不同的喜悅，但是，大人們卻很快就會厭倦了，為了容易厭倦的大人，讓我來告訴你們念故事書的訣竅吧！三個小時的時間內當然無法一直念書讀書，全世界擁有兩百萬讀者的《朗讀手冊》（*Read-aloud handbook*）作者吉姆・崔利斯（Jim Trelease）以自己的過往經驗告訴我們，一天只要花費十五分鐘閱讀故事書，就能喚醒孩子的大腦，也有無數的例證，證明爸媽在小時候常念故事書給孩子聽的話，孩子的成績也會提升，情緒也會相對比較安定，甚至還曾經發生讓智能不足的孩子回復正常機能的事例呢！

與媽媽一起做的一切都很美好

只要唸故事書給孩子聽，孩子的情緒就會趨於穩定，雖然藉由故事書之中的故事及圖畫也可以達到讓孩子心理上放鬆的效果，但是其實更重要的原因是在聽故事的期間，孩子可以獲得媽媽的氣味及溫度。媽媽在非常生氣的時候是很難唸故事書給孩子聽的，所以，媽媽可以唸故事書就表示媽媽的心情是處於安定的狀態，在這個狀態下，所傳遞出來的媽媽的溫和聲音、有趣的動物模仿、溫暖的氣息等等，都可以讓孩子也隨之穩定，並且感覺到幸福。

是不是真的如同先前介紹過的吉姆•崔利斯所說，唸故事書給孩子聽，孩子的成績就會變好呢？如果唸故事書給孩子聽，孩子的文字解讀能力及理解能力理所當然地會上升，但是這裡也有一個重要的因素，那就是與心情愉悅且情緒安定的媽媽在一起的事實。這樣的經驗或與書本連結，只要想起書本，孩子就會自然而然地想起與媽媽在一起的時候，心中的安定感及幸福感，那麼當然也一定會喜歡上書本了。這樣的感情，就算小學入學之後也會一直持續保存著，只要喜歡，那麼就容易埋首投入，所以也當然會讓孩子擁有比較好的成績。如果是爸爸唸故事書給孩子聽，那就更好了，因為可以讓孩子也接觸到爸爸的氣味，也可以讓故事書中的男性角色更有實際存在感，對於孩子的情緒發展也是有利的，當然，孩子原本以為只是和媽媽一起進行的唸故事書的行為，竟然也可以和爸爸一同進行，這會讓孩子感到新奇，也會附帶驚人的經驗，對於孩子大腦的發育也是一種刺激，這是因為大腦本身就非常喜歡嶄新又新奇的事物。

對於未滿周歲的孩子而言，究竟應該要如何唸故事書給他聽呢？請讓孩子坐在自己的大腿上，讓他看看故事書上的圖片，並依照媽媽的想法隨心所欲地唸出故事。如果沒有故事書的話，報紙或廣告傳單也是素材，即使只有廣告傳單上的水果或蔬菜圖片也已足夠。無論是什麼，眼前所看見的任何文字都將與未來的所有學習相互連結。唯一需要注意的就是——絕對不能藉由電腦、平板、手機畫面傳達圖片，因為可能會讓孩子有3C中毒的可能性。

有些爸媽可能會誤以為唸故事書給孩子聽等於是早期教育，我們並不需要強求孩子太早就可以讀書，也不需要孩子過早開始學習，只是在孩子與爸媽一同看故事書的過程中，自然而然地理解文字，並且能喜歡上文字。

唸故事書不僅僅對於孩子而言是一件好事，在唸故事書的過程中，媽媽也能瞭解孩子的想法，重新整理自己的思緒。在女兒五歲的時候，我曾經唸過一本名為《阿爾卑斯山的少女》的故事書，就如同我初次閱讀一樣，女兒也對這本書有著極為強烈的印象，對於女兒來說，比起小蓮在小芬家中穿著漂亮衣服、吃著鬆鬆軟軟的白麵包的時期，她更羨慕小蓮在山上喝著山羊奶、吃著起司和麵包、一整天在山中奔跑的時節。還不懂得人情世故、可以明白袒露自己想法的孩子，似乎比起小芬，大部分都會更憧憬小蓮的生活吧！

但在我唸給孩子聽之後，猛然驚覺小芬才是現在大人世界中夢想的小孩，雖然她罹患了小兒麻痺，但卻是擁有令人羨慕的財產及學識的獨生女。有趣的是，在這本故事書之中，無論是小芬或小蓮都沒有媽媽，如果她們都有媽媽的話，她們的媽媽又會是怎樣的人呢？小蓮的媽媽應該認為讓孩子在自然之中健康地成長茁壯是最重要的，而小芬的媽媽則似乎會認為經濟上的富足及社會上的名聲才是重要的吧，現代社會之中，小芬媽媽似乎才是趨勢，但是孩子究竟喜歡的是小芬媽媽呢？還是小蓮媽媽呢？還有，孩子究竟是想要成為小芬還是小蓮呢？雖然對於人生而言，沒有哪一條路才是正確的說法，但是至少這能成為我們瞭解孩子的契機，僅僅是這一點，對於唸故事書給孩子聽，就是一個非常重大的價值了。

我們可以從孩子的故事書中，再次品味古典棄惡揚善的傳統價值，在五歲之後不曾改變過的看法，又變得煥然一新了。這類的認知改變，對於預防老年癡呆也有助益。

既然都願意付出這三小時的時間給孩子，不如唸唸故事書吧！不僅孩子會感到愉快，對於媽媽的大腦也有效益，也能使孩子在未來對於學習更有興趣，幫助孩子穩定地尋求自己的人生。故事書的力量是很大的，山魯佐德在一千零一夜中，連續對王講了一千天的故事，而免除了自己的死刑。而小時候與爸媽一同讀過的書，更可以使孩子擁有一輩子都需要的腦力和思考能力。

7. 別讓魔法時間成了黑魔法！

將孩子當成是珍貴的客人

也有一些一天不只是投入三小時，甚至是十小時都與孩子緊緊黏在一起，孩子卻還是走歪了路，因而感到迷惘的媽媽們，這就是錯誤使用魔法時間的錯誤結果。雖然說一起度過一段時間是最為重要的，但是，在那一段時間之內，一起做了些什麼也同樣是重要的。名為黑魔法的惡魔，自邪惡之中獲取了力量，而將魔法力量使用在錯誤的地方。雖然媽媽並不希望孩子接受到黑魔法的詛咒，但是媽媽本身錯誤的言語或行為，卻可能會成為黑魔法，為了不要讓三小時的魔法時間轉變為黑魔法，以下有幾點是需要你再次深思的。

孩子與媽媽就是對方的鏡子，媽媽的感情、行動、言語等，將會一一地在孩子身上產生影響，無論投資了多少時間在孩子身上，如果是過度不安，或是過於急躁的媽媽，要讓孩子產生安定的情緒也是不容易的，這是因為，孩子接觸到的總是不安的感情和行動。

舉例來說，剛出生的孩子其實並不會害怕蛇，反倒會對於蛇身上華麗的色彩、滑潤的觸感、謹慎緩慢的行為感到有趣，甚至比起任何動物更容易獲得孩子的喜愛。孩子會開始害怕蛇，是打從媽媽看見蛇而驚恐地尖叫的那一刻開始。心愛的媽媽這樣驚慌的喊叫聲，孩子也會認可「原來這傢伙是個壞傢伙」的想法，孩子便會自那一刻開始遠離蛇，也會開始害怕蛇。

孩子為了要生存，對於自己無論如何都得經歷的周邊狀況及對象，會自然而然地將其思緒轉換為自身的想法，與自己的意志無關地，漸漸冒出不安及不信任的芽，當不安及不信任的芽漸漸成長，孩子的自信心也會漸漸萎縮，以至於無法面對真實的社會生活。又或者為了不讓他人發現自己的不安感，而產生強迫症或過度完美主義等症狀。這就像是在進行一百公尺短跑的時候，卻比其他選手退後十公尺的距離出發的狀況是相似的，就算自己盡全力奔跑都不一定能獲勝的局面下，卻從一開始就抱持著負面、悲觀的態度，那麼是絕對不可能會獲得好的結果的。

爸媽的不安感是由於過往經驗所形成的，這是爸媽自己該要解決的問題，面對才剛展開嶄新人生的孩子，若以「媽媽過去有過的經驗」作為理由，強迫孩子接受是萬

萬不可的。如果是這樣的爸媽，與孩子相處過多的時間反而可能會對孩子帶來不好的影響。這句話或許有些殘忍，但你絕對無法想像，究竟有多少青少年和年輕人，在輔導室中哭著這麼告訴我：「如果我沒有爸媽就好了」。

如果爸媽因為極度不安而過度保護孩子，反而可能會搞垮孩子。你是不是也聽過直升機家長（helicopter mom，意指像直升機般隨時在孩子上空盤旋，看著孩子的一舉一動的家長）呢？雖然我們還能感覺到足球媽媽（soccer mom，意指將孩子與家庭置於首位的中產已婚婦女）對子女的疼愛，但是對於監視、管理孩子的一舉手一投足的直升機家長，難道你不會感到厭惡嗎？

無論爸媽再怎麼希望子女能成為媽寶，但是如果子女嚴正拒絕的話便不可能達成。但是，在直升機家長養育下的子女是無法開口拒絕的，因為不安感深入內心，只要被放置於會誘發不安的環境之中，孩子就會變得極度敏感，也會變得非常畏縮。

對於直升機家長這樣的定義不感到陌生的媽媽們，雖然也愛著自己的子女，也是擁有教養及能力的人，但是事實上卻是對子女極度無理的人。

俄羅斯神祕主義哲學家Vadim Zeland曾經主張應該要像招呼客人似地對待自己的

孩子，這真的是讓人腦怒的說法。如果是要招呼客人的話，不僅需要認真打掃家裡、準備好吃的食物外，還得要以正確的禮儀對待客人。無論是幼年的我或是現在我的孩子，對於家中有客人來訪總是抱持著微妙的心情：爸媽擺出一副我不曾見過的燦爛笑容和彬彬有禮的態度，招呼著連名字都不知道的另一個孩子，如果我伸手拿桌上的餅乾，他們會啪地拍掉我拿到的餅乾，但是如果是那個孩子伸出了手，他們一定會乾脆端起整個盤子，要他整盤端走。

接受了主人無微不至的招待、享受了極度的愉悅之後才離開的這個人，就是客人。相同地，我們的孩子還在我們懷抱裡的這段時間，也應該要獲得最好的待遇，也一定要覺得心情愉悅才可以。事實上，沒有什麼比接待客人還令人厭煩的事情了，但是，我們會願意做這麼令人厭煩的事情的原因是什麼呢？每當客人來訪的時候，家中要細細整理一遍，清空整個冰箱，但是事實上，最主要的原因則是當客人們以無上稱讚回應我的接待時，能確認自我的存在感吧！因為能獲得用錢也買不到的經驗，即使在客人離去之後，我們會一邊擦拭著堆積如山的碗盤，一邊抱怨著，但還是會繼續期待下一個客人來訪。

如果以接待客人的心情，來撫育我們的孩子，就能防範黑魔法的出現了。如果「客人」這樣的單字聽起來太沒有人情味，那麼就改以對待「愛的客人」的態度來撫育孩子吧！對於媽媽而言，得到來自最單純的靈魂的稱讚，將有如獲得回春二十歲也無法相比的魅力，如果孩子說自己最為尊敬的人就是自己的爸媽，那麼你的心情難道會不好嗎？對於已經獲得基本分數入場的爸媽而言，只要能一點一點拿到加分就可以了。

正面言語的力量，一致行動的力量

在我們的生活之中，僅次於貧窮或是疾病的負面影響，莫過於言語了，有人說「良言一句三冬暖」，在現代社會中，「惡語傷人六月寒」這樣的事情更為常見吧！特別是在我們孩提時期所聽見的負面的言語，更可能會一輩子都像是影子般地與我們形影不離。

負面話語的力量是難以擺脫的。小時候曾經聽過阿姨一句「你長的真醜」後，就一輩子與阿姨水火不容的人也是存在的。也許你會覺得別人心胸狹窄，但是，在作為理性大腦的新皮質（neocortex）發達之前，原始大腦邊緣系統是更為發達的，所以他們並無法理性地判斷自己所經歷過的事物，也無法正常地掌握每一件事物的實際意義，只能以感覺和情緒來概括承受，而這樣的狀況最為嚴重的時期，就是邊緣系統最為發達的五歲時期。

儘管如此，我們還是不可以貿然地斷定孩子的感覺和感受，媽媽笑著說著「唉呦，你這個醜小鴨」的狀況，與帶著嫉妒心的阿姨脫口而出「欸，醜死了」的狀況，雖然孩子的左腦聽見了一模一樣的內容，但是藉由孩子的右腦，孩子還是可以感知到微妙的感情差異。雖然大人可以在瞬間藉由理性猜測到這可能只是無聊的玩笑話，但是孩子卻可以確實掌握到雙方你來我往中的感覺及情緒，透過動物的本能，而比大人們更瞭解實際狀況。

傻瓜彼得（Simpleton Peter）是另一個在大人無心話語之下的犧牲者。彼得雖然是一個ＩＱ高達一七三的天才，卻有口吃，他在孩提時期接受過智能檢查，老師卻以為彼得的檢查結果弄錯了，於是告訴他ＩＱ只有七三。在那之後，彼得的大腦就停止發育了，無論做什麼事情，總對自己毫無信心，在偶爾提出極有創意的想法時，又會被周遭人們集體嘲弄，彼得對於他人的反應也覺得是理所當然的。彼得確實知道自己實際的ＩＱ，並找回自己的人生、成為棉業大亨的時候，已經是十七年後的事了。只要能找回自己原本的面貌，不論花費多久都是值得慶幸的事情，但是這樣的好結果畢竟是少見的，更多的狀況是因為他人負面的眼光、社會負面的態度，最終只能自取滅亡。

對於我們的孩子，我們更應該要始終如一地給予他們正面的訊息，若我們給予負面訊息，將使孩子的思考有了錯誤的開始，那麼由孩提時反覆思考的持續性，將會持續到孩子人生的最後一刻。從一開始就是這麼聽見的，所以也就這麼活著，如果孩子看著冷淡又暴力的爸媽成長，那麼在孩子的世界中，暴力也就像是水一樣恆常的存在。在人生初期所經歷過的「不正常情況」，將會擴張到未來的生活，並且成為人生中的「正常情況」。孩提時常被暴力毆打的女性，在結婚之後對於丈夫的暴力行徑是無感的，在經歷數次正常化的震撼之後，她將會形成「我生來就應該要接受暴力行為」的刻板印象，而在這個刻板印象形成之後，就算是到了另外一個沒有暴力的世界，自己也會難以接受，而感到適應不良。

人類的大腦是出乎意料地神奇，就算明明不是這樣，只要這麼相信著，最後也就會成真。更甚的是，僅僅因為自己的想法，也可能會招致死亡。被索倫・奧貝・祁克果（Kierkegaard）稱為「招致死亡的疾病」，就是「毫無希望的信念及思考」。毫無希望的思考會導致人類的死亡，不僅僅是親人的死亡、經濟上的損失等外部因素，就算是自己心中產生的想法，只要與絕望連結，都可能會使人在一瞬間死去。在零下三十度的冷凍庫中處理水產產品的男人，外部的門突然被關上，而被困在冷凍庫之中，陷入無比恐懼的男人，最終因為失溫症而死亡了。不過，事後的調查發現，當天晚上冷凍庫是故障的，也就是，誘發男人低溫症症狀的，其實是男人心中已經毫無希望的想法。

另一個腳板被十公分長的釘子貫穿的男人，在巨大的痛苦之中緊急被送至急診室，好不容易使亂叫的患者鎮定下來後，醫生仔細一看，才知道釘子是巧妙地穿過了中指及無名指之間的細縫。

我們並不需要將以上兩個例子看做是人類思考的界線或缺點，反倒是可以利用這樣的思考模式，誘導自己擁有正面的自我概念（self concept），並且將其轉化為自己的優點。

如果能以正面的訊息作為起始，接下來重要的就是爸媽的言行一致及持續性，雖然訊息是正面的，如果爸媽的實際行動卻不如此，孩子就會陷入混亂。在孩子進入國小之前，尚不需要對自己可以說什麼話感到特別煩惱，反正無論說了什麼，因為孩子還似懂非懂，立刻就會忘記。但是當孩子的前額葉（frontal lobe）開始發達，對於道德性的思考開始急速發展的時期，孩子就會改變，也就是在孩子進入小學的時候，孩子將會正確地找到媽媽話語中的語病，於是媽媽不可再講出不負責任、隨意敷衍的話。

如果在超市購物之後，沒有將推車推回原本的位置，孩子的言語攻擊便會展開。平常總是說著「神愛世人」的某個媽媽，看見在伊斯蘭國家被綁架，並被撕票後的受害者，無心地說了一句「就是因為不相信主耶穌才會得到懲罰」，她的兒子幾個月內看都不看媽媽一眼。

在孩子小學入學之後，媽媽雖然結束身體上的疲憊，但心靈上的疲憊卻更甚了。

如果孩子與幼時不同，變得不太願意聽爸媽的話，有可能就是因為常常看到爸媽言行

不一的行為，認為爸媽的話不再具有說服力的關係。我們的孩子究竟在我們身上看見了多少言行不一的矛盾行為呢？如果錄下我們一天的生活作息，希望播放時我們不會羞怯到想要逃離現場才好。

媽媽真的非常需要小心自己的每一句話，爸媽們，即便你有豆腐心，也請留意你的刀子嘴。請仔細想想自己習慣性常脫口而出的話語吧！我們更應該帶著修道的心情，慎重地努力只說出好話。

另外還有一點，如果是因為個性關係，一天不說出一些酸言惡語就無法活下去的人，就應該將說出的比例大幅降低，並且注意對於相同的狀況不要兩套標準，一下正面、一下又變成負面。某些時候孩子只要拿到八十分就會被稱讚做的好，某些時候卻就算拿到九十分還是會被大聲責罵。這樣的狀況下，要獲得孩子的尊敬是困難的。不僅如此，孩子也會因為只從爸媽身上獲得有條件的愛，認為自己價值感低落，也容易開始在意他人的眼光。更嚴重的是，在相同的狀況下卻兩套標準，一下稱讚一下責罵，這樣的行為是極為危險的。因為生氣而對孩子大吼「還不快走？」但是孩子一離開，卻又大吼地說「叫你出去你就出去嗎？你是傻瓜嗎？」對孩子說「話不能好好說嗎？」如果孩子好好地說了，卻又說「這時候倒學會頂嘴了！」在這樣的爸媽底下的孩子，說不定瘋了還好過一點。而事實上孩子也真的瘋了，稱讚及責罵交替的這種狀況，將會導致心理學所謂的「雙束（double bind）」狀態，由於心理上的無所適從，而導致孩子在中間搖擺不定，也是兒童思覺失調症的原因之一。

如果你身為孩子的爸媽，就算你無法對全世界的人都溫和，至少也應該對自己的孩子溫和。就算是媽媽的個性冷淡，爸爸的個性急躁，孩子也能找到自己的活路；但是，在稱讚及責罵交替的爸媽之下，孩子是找不到自己的活路的，一開始他們可能會感受到無力及混亂的感覺，但是當狀況益發惡化，最終他們將無法統合自己的心神，而引發思覺失調症的狀況產生。

創造五種黃金準則

另外還有一個重要性僅次於「不說出負面言論」的原則，也就是不應該在孩子的心裡留下罪惡感。如果你身處基督教家庭，不得不向孩子論述原罪的話，也請你一併告訴孩子，他的原罪早已經被赦免了。

罪惡感對於孩子的自我價值、道德心、利他心等方面的發達會產生負面的影響，如果心裡承擔著罪惡感，很容易就會變得畏畏縮縮，總是在意著他人的目光而意志消沉，這麼一來，當然無法感受自我價值。我犯了很多的罪，因而認為他人也同樣犯了許多罪，而總是對他人疑神疑鬼，或是瞧不起他人，更是無法發展尊重他人所持有的權利的道德心；相反地，認為自己堂堂正正的人，也會認為他人與自己同等地優秀，自然而然就會發展去尊重他人的利他心了。

當然，這裡所說的不要在孩子心裡留下罪惡感，絕對不是要毫無理由地默許各種錯誤的行為，而是應該要在孩子犯錯的時候，斥責孩子，並且讓孩子能夠瞭解自己的錯誤，如果孩子真的犯了滔天大罪，也應該要讓孩子付出代價，並且讓他們能真心誠意地悔悟才可以，最後溫暖地擁抱真心懺悔的孩子，讓他們知道自己只是在斥責他們所做的錯誤行為，並不是真的討厭他們，也要告訴他們自己依然是真心愛著他們，這樣一來，才不會在孩子的心裡留下罪惡感。

為了要養育沒有罪惡感的孩子，最好可以在孩子大約四歲的時候，就創造並且遵守所謂的「黃金法則」，而這些黃金法則是由爸媽訂定，找出在人生之中一定要遵循的原則。唯一需要留意的一點是，黃金法則的數量不可以超過五項，如果黃金法則的數量過多，就失去了它的稀有價值，孩子想要遵循的想法也就會消失了。如果孩子屢屢違背黃金法則，爸媽就應該要果斷地懲罰孩子，而一定要懲罰的情況有以下兩種：

第一種情況是傷害自己。以小學生來說，放學之後，毫無音訊地消失一個小時以上；回家路上闖紅燈；明明看到車子來了，卻還是推著自行車前進……等等。在孩子做了這些危險的行為的時候，爸媽就應該毫不留情地斥責他們，如果這樣還是無法改善，爸媽就應該要果斷地責罰。只有這樣，才可以確認在孩子的心裡確實地劃下安全意識的刻印，也才能確知自己的珍貴，只有知道自己是珍貴的孩子，未來在遭遇苦難而難受的時候，才不會選擇自屋頂上一躍而下。

第二種情況則是傷害他人。在孩子直接毆打他人的時候就應該毫不猶豫地責備孩子，而在孩子出現瞧不起他人、只看見他人的缺點等錯誤行為的時候，也應該毫不留情地責備孩子。如果還無法改善，這時候也應該要果斷地責罰。孩子越小的時候，只要媽媽大聲斥責，孩子便會哭著認錯，這時候就不需要繼續責備他們，只要告訴他們該如何解決的方法就可以。接受專家們的協助也是一個好方法。如果孩子第一次對朋友揮舞拳頭的時候，爸媽沒辦法制止他，那麼這個孩子就等於是一輩子在爸媽的心坎裡釘下釘子。在孩子第一次犯錯的三天之內，立刻矯正是極為重要的，就算第一次犯錯的時間點是在孩子才三、四歲的時候，也絕對不可以讓事情就就此雲淡風輕。

因為無聊的緣故，與朋友一起在文具店偷了橡皮擦的六年級學童，雖然爸媽也察覺了這件事，以糕餅店餬口的爸媽，卻因為即將到來的中秋節而忙的不可開交，最終只有簡單地斥責孩子，要他以後不可以再犯。在那之後六個月後，孩子因為偷竊腳踏車而被帶到了警察局，就是因為第一次犯錯的時後，爸媽只是簡單地斥責一下，於是，孩子從原本偷針線的小偷，變成了竊取牛隻的大盜。

「不要說謊」，雖然這是理所當然應該要遵循的原則，但是這卻不是應該要包含在黃金準則之中的原則之一，這是因為我們根本不可能遵守這個原則。人生在世，就算討厭爸爸，卻還是得說「我喜歡你」；就算媽媽看起來像是奶奶，還是得說媽媽真漂亮。在說了這些謊的時候，當然要被斥責，但是如果無法說這些謊，也會毫無理由地被責備，為了避免陷入這樣荒唐的狀況，這樣的原則當然無法作為黃金準則之一。

黃金準則之中，其中兩個可以等到孩子稍微大一點再創造。實踐了心理學課本中也不存在的「333鑽石法則」的朋友，雖然養了個乖巧的女兒，但是最近升上國中的兒子卻讓她非常苦惱。我的朋友是這麼告訴兒子的：「如果你敢再打同學，你就得死在我的手裡。但是，就算你是個殺人犯，就算你被關進監獄，你還是我的兒子，而我永遠站在你這一邊，一定會救你的！所以無論有什麼事情，你都一定要告訴我。」

面對進入青春期、血氣方剛的兒子，我的朋友創造了「雖然媽媽很可怕，但是一定會站在你這一邊」的新式黃金準則，帥氣地養大了兒子。

如果你不希望黃金準則的光芒就此褪色，平時就應該要減少嘮叨的機會，這是一個重要的作戰策略。如果無時無刻對孩子嘮叨，那麼當孩子真正違反黃金準則，你的執行力、說服力反而會被削弱。如果每天都令人膽戰心驚地斥責孩子，那麼就會真正失去斥責他們的效果了。惟有像貓頭鷹一樣沉默著，在孩子犯錯的時候，真正展現自己可怕的模樣，才會產生真正的教育效果。

幼兒青少年精神疾病之中，有種名為「對立反抗性疾患（oppositional defiant disorder）」的疾病，症狀大抵是聽不進爸媽的話，並會嚴重地反抗。因為這種疾病而住院治療的孩子，就算是在諮商室之中，仍然是一句一句地頂著媽媽的嘴。而有趣的是，孩子的媽媽也是大約每十秒嘮叨孩子一次，「我說過坐要有坐相吧、我說過要對醫生恭敬地說話吧、我說過要你不要哭了吧……」在一旁只是聽著的我都覺得煩躁了，更何況是患有「對立反抗性疾患」的孩子，孩子本人的感覺會是如何呢？這位媽媽倒不如去養個人偶吧！

在這個領域待久了，就會發現孩子的症狀常常可以連結到爸媽的模樣。在我看來，與「對立反抗性疾患」相反的疾病是語言障礙，不過，每當我說出這樣的見解，大部分的人都會搖頭吧？語言障礙雖然是不會說話的疾病，主要原因也是先天性語言能力的缺陷，但是如果觀察擁有語言障礙的孩子的爸媽，他們都是沉默的。如果問他們話，回答的不過是一句「嗯」，如果問他們孩子比較喜歡吃什麼？回答的也是一句「嗯，什麼都吃」，如果問他們孩子對於學習有沒有興趣？回答的依然是一句「嗯，差不多吧！」爸媽這麼沉默寡言的狀況下，使得天生上具有缺陷的孩子，在後天的說話能力也更難以發展了。因為只有多聽才能夠學會說話。

如果爸媽的話太多，孩子就會罹患「對立反抗性疾患」，如果爸媽的話太少，孩子又會擁有語言障礙，那麼我們究竟該怎麼辦呢？在爸媽的立場來看，一定是很悶又不知道該如何是好吧！但是，我們又能如何呢？在孩子學會說話之前，應該要像是麻雀一樣地大肆嘮叨；而在那之後，盡可能地減少嘮叨。在為孩子唸書的時候、在孩子犯錯的時候，請直視孩子的雙眼。不肯直視著孩子的眼睛，只是像是機關槍似的訓誡，就只是嘮叨罷了。雖然我們是為了孩子好，但是對於常常聽見嘮叨的孩子而言，反而會成為忽略他人建言的、一意孤行的人，或是成為過度在意他人看法、軟弱的人。所以，**孩子大一點之後，爸媽的話就應該要慢慢減少，也只是「話語」減少罷了，並不是「心意」要隨之減少。**帶著笑容的臉孔，將溫暖的心展露給孩子，這應該要成為爸媽每一天的功課才是。

成為感情煙囪的清道夫

情緒安定的媽媽，一邊給予孩子正面的訊息，一邊留心著不要在孩子心裡種下罪惡感，一邊制定並遵守黃金準則，一邊養育著孩子，平時雖然話不多，但是應該要與孩子對話時絕對不會吝惜自己的口舌。只要能做到這裡，幾乎就是完美，也幾乎是站上了爸媽角色的最頂點。這時候還有一個最重要的最後關口，也就是感情的淨化，即專家們口中的「情緒疏導（ventilation）」。所謂的情緒疏導，其實可以簡單地想像成與清掃煙囪類似的「通風」。就像是貫通堵塞的煙囪，讓廢氣得以排除，使家中不至於髒亂無章一樣，只有適時地疏通孩子堵塞的感情，才不會導致嚴重的問題。感情為什麼會堵塞呢？在我看來，有以下兩種原因：其一是情緒的過度壓抑，另一則是沒有適度、及時地疏通情緒。

特別是在東方社會，我們總是認為自由地表達自己的感情，是一種輕浮的行為，所以從小就被要求要壓抑自己的感情，也只有這樣，才會被認可為一個穩重的人。我也曾經遇過這樣的媽媽，為了要讓孩子及早體悟世間的道理，對嚎啕大哭的孩子說：「好，今天只可以再多哭三秒，那麼媽媽就會抱抱你，反正這個世界有太多不如意的事情，你也得要早點學會忍耐才行。」甚至是有媽媽這麼告訴我：「某一本書教導要對毫無理由哭鬧的孩子，親手向孩子的臉孔潑冷水，據說這樣可以讓孩子學會如何壓抑感情。」

幼兒的感情是單純的，就只有「好」與「不好」兩種而已。或者說，大人事實上也是如此。「那個人的個性既冷淡、又很挑剔，還很傲慢」，無論選用了多麼華麗的詞藻，想要表現的重點不過就是那個人不好；「這個人既溫暖、又親切，還會照顧人」，就算使用了各種的形容詞，想要表達的不過就是那個人很好。也因此，無論媽媽是帶著多麼複雜的感情及深意，向孩子的臉孔潑上一把冷水，對於孩子而言，他們只會認為做了這個行為的媽媽是不好的而已。所以，如果有人要告訴你該如何壓抑感情的方法，你千萬不要對這個人心懷感謝，而且就算真的學了壓抑感情，面對世界上的任何人都可以活用這一套感情調節法，但是對於媽媽卻仍然應該要咕嚕咕嚕地爆發出來，這是因為，**雖然感情可以被壓抑，卻絕對無法被消弭**。此外，就算確實有必要學習壓抑感情的方法，我們也絕對不應該將這樣的方法傳授給還不滿三歲的孩子，在那個時期，比起他能獲得的，他失去的將會更多！如果出了差池，孩子也不會成為能壓抑感情的成熟的人，反倒會成為無法調控感情的怪物。孩子的哭泣是理所當然的，因為他們正是以眼淚和哭聲來向我們表達他們的感情。

媽媽應該要快快擺脫「三歲前養成壞習慣將難以戒除」的陷阱，如果在不過三歲的孩子身上看見某一種習慣動作，也不應該一邊說著「唉呀，好可怕」，一邊毫無道理地要孩子不要再重複這樣的動作，反而是應該要確實掌握孩子產生這個動作背後的原因，並且尋找健康的解決對策。孩子還小的時候，我們應該要常常擁抱他們，特別是在哭鬧的孩子，我們更應該要抱抱他們，孩子哭鬧的理由。有八成是肚子餓了、尿布濕了、有點睏了、覺得冷了、覺得熱了、嘴巴渴了、肚子痛了等等極為單純的理由，媽媽只要一邊抱抱孩子、一邊將自己的氣味及溫度傳達給孩子，同時趕快解決孩子的問題就可以了。如果媽媽的情緒狀態處於煩躁的狀況時，比起直接抱起孩子，讓孩子聽見自己不太穩定的心跳聲，倒不如將孩子揹起，讓孩子可以靠在自己的背上。如果自己能做的都做了該檢查的都檢查了，孩子卻還是不停哭鬧的話，就應該要盡速將孩子送醫。為了捍衛自己三歲前養成的習慣動作而不停哭鬧的孩子，是絕對不存在的。

孩子也會在上學路上、學校裡、或者是在家裡感受到一些壓力，所以不論是對誰，孩子也都會想要發洩他們的壓力。而在發洩之後，又會像是不曾發生過似地，我們又可以再次度過愉快的時光。人生就是這麼一天一天克服著困難，逐步踏實，也伴隨著孩子的成長，這樣的發洩，也就是情緒疏導，對於正確的成長是絕對必要的過程。

如果說，來到精神科接受治療的患者中，大部分都是在成長過程中無法疏導情緒，累積了憤怒、失望、憂鬱及空虛感，遍尋不著自己的人生動機，在徬徨之餘，只好花錢來接受心理諮商，藉此疏導自己無法疏導的情緒，這絕對沒有言過其實。被壓抑的情緒過度累積，導致無法適應社會大環境等各種負面問題之後，就算正式開始心理諮商，要到真正解決這些問題，實際上還需要很多的時間。

孩子們會在學校中展現粗暴的行為，甚至是對老師頂嘴，其實都是因為他們缺乏做為自己情緒出口的對象。白天在學校雖然可能會發脾氣，可能會感覺到侮辱感，但是只要爸媽在傍晚願意細細聆聽，一邊試著理解並接受孩子的情緒，孩子也就能忘了這一天所遭受到的壓力，隔天又能愉悅地開始嶄新的一天。

比起不願意傾耳聆聽的爸媽，更過分的則是狠狠斥責了吐露自己情緒的孩子的爸媽，這麼一來，孩子就算在家中仍是關上自己的心，憤怒的情緒只能壓抑、無法消除的狀況下，孩子在學校也只能以暴力及髒話來傳達自己憤怒的情緒。

我們應該要適時地疏通感情的煙囪的理由在於，大腦中負責處理情緒的邊緣系統。邊緣系統的力量強大，所以只要遭受到一次惡性影響，就能將這樣的影響力持續到孩子長大、年老甚至死去的那一刻，特別是當我們面對大腦皮質還沒有充分發育的小學生，更是應該要小心謹慎。無論是以娃娃車帶著還無法理性判斷是非的孩子，參與政治、宗教遊行也好，或是在孩子面前痛罵、痛哭等行為，都是爸媽親手帶給孩子心靈無法抹滅的傷痕，就算這樣的行為是為了民主、自由也好，孩子在當時的那個現場，只是用全身感受到了當時的感覺及情緒，能清楚了解這樣的行為是為了民主、自由的理性判斷是在很久之後才能達成的，在那之前，孩子只能判斷「好」與「不好」的情緒而已。媽媽一邊尖叫著，身旁可怕的動物（雖然在之後知道這麼可怕的動物叫做警察）帶著要殺了媽媽的表情，只會在孩子的腦海中留下恐怖、威脅等印象，這樣的印象在腦海中無限迴圈，最終，無論理性的大腦再怎麼發達，孩子也將會一輩子受困在無法理解的不安之中。

所謂的心理治療，就是要找尋這種不安的起點，並且以成人的視角，客觀地端詳當時的事件。這時候孩子才能瞭解到，原來媽媽的行為事實上是為了大義所做的行為，只是因為當時我年紀還小，還無法以成熟的目光看待這一切，這才原諒媽媽，也才能吐露自身的感情。但是要獲得這樣的結果，有時候需要花費極漫長的時間，甚至也可能無法獲得預期的結果。

對於理性尚未發達的孩子而言，爸媽用自己的全身讓孩子接觸到自己的價值觀或大義名分，其實對於孩子不過就是一種近似於洗腦的行為。無論這是多麼優秀、正確的行為，只要可能會對孩子造成不安，就應該是爸媽兩人獨自的行為。在能夠保護孩子、讓孩子安定地成長之後，再來思考你心中所謂的大義吧！在第二次世界大戰之中，英國及德國即使展開了慘烈的戰鬥，卻還是盡可能地保護孩子們，他們盡可能地將孩子送往聽不見槍砲聲的鄉下，電影《納尼亞傳奇》（*The Chronicle of Narnia*）之中，孩子們的偉大冒險就是這麼誕生的。

安全方面沒有所謂「過度保護」

在我看來，最為理想的行為就是不要製造太多讓孩子需要壓抑感情的事物，也就是說，不要讓孩子遭遇太多會讓他流淚的事物。讓孩子保持健康，不要過度禁止孩子，別讓孩子承受不必要的壓力，而對於孩子而言，最為痛苦的事情，莫過於爸媽的分居、離婚或是死亡。但是，不曉得分居或離婚會帶給孩子莫大痛苦的爸媽卻漸漸增多。更甚的是，在演變成無法收拾的狀況之前，家裡必定已經累積多年負面的氛圍，在這樣的氛圍之中，孩子只能漸漸學會壓抑自己的聲音及感情。

為了不要讓孩子遭遇太多會讓他流淚的事物，當務之急就是要安全地保護孩子。我這樣說應該會有不少媽媽想反問我：「不是說不要過度保護孩子嗎？」而這也是各位爸媽所應該要小心的，也就是「過度保護」的陷阱。

雖然孩子犯了錯，爸媽卻還是過度保護孩子，這會是一個大問題。但是，對於保護孩子不要遭遇危險的過度保護，是怎麼樣也不會太過的！對於說要保護孩子的媽媽，社會上總會投予淡然的目光，只要孩子年滿四歲，幼兒園總會帶孩子去郊遊許多次，當孩子年滿五歲，就會開始討論要讓孩子參加兩天一夜的露營活動，如果只是郊遊就算了，對於認為孩子年紀還太小，參加露營活動似乎太過強求的媽媽，幼兒園老師或其他的媽媽總會說：「如果這麼過度保護下去，以後孩子將會成什麼樣啊？」但是，我的孩子當然要由我自己來保護，而且也只是在孩子懂事之前才這樣用羽翼覆著他，究竟為什麼要用像是看到外星人的眼神望著我呢？如果發生了任何意外，也只會聽到「看吧，就是這樣才會出事」的風涼話。甚至是為了讓孩子學習而送他去的補習班，每到放假的時候，總是會舉辦帶孩子到遊樂場或游泳池的課外活動。

孩子在小學三年級的時候，我曾經不讓孩子參與補習班所舉辦的游泳活動，這是因為身為媽媽的我，曾經為了在游泳池中找到自己的孩子，在游泳池畔徘徊了超過十分鐘的時間，那時候就算我是在冰冷的游泳池之中，也仍然冒了滿身的冷汗。穿著泳衣、帶著泳帽，與間隔自己三十公分、玩耍中的孩子們，就算是媽媽都不見得能輕鬆找到自己的孩子，更何況是外人呢？而隔一年，補習班要帶孩子去遊樂場玩的時候，我就答應了，這是因為我認為，魔術數字三的時間點已經過去，而且比起游泳池，在遊樂場要管理孩子們是更為容易的緣故。

因為敗給周遭不要過度保護的視線，而引發的事件有夏令營火災事件，也有海水浴場事件。帶著孩子來到海水浴場的媽媽們，原本預期要住一個晚上，因而訂了兩個房間，並為了不要「過度保護」，所以讓孩子們一起住在另一個房間，而媽媽們則是輕鬆地喝著小酒在房間裡玩了起來。孩子們在房裡躺膩了，覺得無聊的孩子們於是偷偷地溜出房間，進入了已經禁止進入、一個救生員也沒有的海水浴場，卻在黯黑無光的海浪之中失去了蹤影，四名孩子沒有再回來，而平安救回的孩子也在心裡留下了一輩子無法抹去的傷痛。

對於「安全」而言，「過度保護」這個詞是不成立的。所謂的「過度保護」只適用在孩子們發生爭吵的時候，僅僅袒護自己的孩子是正確的狀況之下。明明存在著高危險性的娃娃車，我們卻還是若無其事地讓孩子每天搭乘著，我們就是這麼地忽視了交通安全。在幼兒園時期起累積了對娃娃車的喜愛，就算是孩子進入國小之後，無論是前往游泳池、補習班，甚至是教外教學，對於娃娃車的喜好依然是不減的。不僅僅是對於子女的安全，整個國家全體對於交通安全都是無感的。

只要你願意投入關心，那麼你就會知道在怎樣的環境中，孩子會是危險的或是安全的，而又是在什麼時候讓孩子單獨外出也是可以的。如果只是盲目地跟從他人的行為，這絕對不是正確的決定，這是因為，不僅有積極又勇敢的孩子，也有小心又膽小的孩子，對於小心又膽小的孩子，或是對於散漫又衝動的孩子，在孩子小學入學前，或是轉學之前，爸媽當然應該要休幾天的假，親自走過孩子上、下學會經過的路線，並且仔細研究在哪裡應該要特別留意才是，然後更應該要在大張圖畫紙上畫下學校周邊的地圖，換上帥氣的服裝，以自信、威嚴的將軍語氣，一一地向孩子沙盤推演一番：「這裡雖然有斑馬線，但是往來的車速過快，所以應該到下一個斑馬線再過馬路。這裡最近正在施工，所以應該要繞離開這個地區。這家小攤並沒有遮掩的棚子，灰塵很多，所以如果你真的想要吃點心的話，要到這家吃。以上，瞭解了嗎？如果你違反規定，就要處罰你囉，知道了嗎？」

請再稍稍注意一點，讓孩子的眼裡不要流下毫無意義的眼淚吧！在孩子十歲之前，務必要「過度保護」他們。就算孩子已經十八歲，還是應該要睜開眼睛好好看著孩子，這個社會充斥著太多青少年因為朋友的恐嚇或毆打，而斷送自己生命的事件，而讓孩子淚如雨下、讓爸媽心如刀割的事件也真的太多了。

為了獲得小利益，而失去的大利益

爸媽們在看到接受填鴨式教育的孩子進入大學之後，必定是自信滿滿地認爲自己的教育方針是正確的，但是，眞正的問題卻是發生在進入大學之後的求職、軍旅生活、婚姻及爲人爸媽的各個階段之中，在他們面對被統稱爲「壓力」的各式心理上的責任時，缺乏情緒大腦，只有言語大腦及數理大腦發達的孩子們將會立刻崩潰，他們可能會輕易地放棄，或者是倚賴著爸媽，甚或會選擇走上自殺的道路。

人生的道路很長，而在漫漫人生之中，不僅有上坡路，也有下坡路，勇敢的我們可以敏捷地踏遍分散四處的上坡路及下坡路。但奇怪的是，我們卻要求孩子只可以走向上坡路，是因為我們的人生太過辛苦了嗎？所以才否定了自己走過的人生，並且對孩子們進行集體催眠，使他們的人生中沒有下坡路或是其他迂迴曲折的道路嗎？催眠與希望是不同的，催眠是否認事實，在清醒之後便會發現荒唐不已。

如果我們希望孩子大放光芒，請不要以「千萬不要走上我走過的道路」這樣的集體催眠或是強迫手段，迫使他們走向特定的道路，取而代之的是正確地瞭解孩子的發展過程，並且描繪出養育的精彩畫作才可以。

不論是以日新月異的留學成功事例作為榜樣，或是以隔壁家優秀哥哥作為藍本，其實我們都只是描繪出一張草稿而已。在懷孕的時候多聽音樂，孩子的頭腦就會變得聰明，所以讓孩子聽了莫札特的音樂，結果幾年之後，才發現莫札特效應其實是虛構的。如果總是盲從著每天如雨後春筍般出現的新養育理論，那麼我們可能連草稿都描繪不出來，這是因為所有的理論都只針對少數群眾才有效果，任何一種主張，如果要確實地保證有效果的話，必須要以多數人作為對象，並且進行長時間的論證才行。

那麼，在波濤洶湧的情報洪水之中，究竟怎樣才能讓我們描繪出精彩又迷人的畫作呢？

越是混亂的狀況，我們就越應該遵循基本規則，就像不論是果汁、汽水或是啤酒，這些飲料再怎麼好喝，對於我們而言，最為需要的其實只是白開水一樣，在各式華麗的養育理論層出不窮的當下，為了掌握這些理論的虛與實，我們更應該要遵循「瞭解支配孩子發展的大腦」這個基本原則。

被稱為是人類要探索的最後一個領域的神奇大腦，還未揭露的情報比起已被揭露的情報還多上許多，大腦就是一個如此神祕的器官組織，而雖然各式假說及理論也持續更新中，不過關於大腦，仍然有三件事實是不變的。

首先，**大腦是多構造、多機能的器官**。

其次，**大腦的發展是有先後順序的**。

接著，**原始大腦在達到安定之後，才能發揮高等大腦的機能**。

無視這三件事實的養育法則，也許一時之間看起來有些效用，但是絕對會因小失大。在目前亞洲形成的教育型態之中，顯而易見會招致慘痛後果的教育型態，就是早期留學及早期教育。

1. 與爸媽分開的孩子腦中，究竟會發生什麼事？

青春期是第二次大腦發育的時期

讓我們再來複習一次先前討論過的大腦構造及機能吧！人類的大腦可以分成三層，第一層是負責維持呼吸、體溫等生命機能的腦幹，第二層是負責喜怒哀樂等感情及需求的邊緣系統，專責思考、判斷以及調節感情及衝動的大腦皮質則是位於第三層，只有在第一、二層的構造穩固之後，才能端正地構築第三層。

嬰兒在出生之後大約兩年的時間裡，其大腦之中，包裹著大腦神經的突觸（synapse）過度發達，甚至會達到成人大腦的兩倍，這是因為無法預知未來究竟會需要怎樣的神經，所以才會預先大量製作的緣故。而到了第三年則進入削減的階段，也就是去除不需要的部分，並且強化需要的部分，直到這個階段，都是孩子配合父母發展自己大腦的時期。

只要第一個階段完成，相對地可以擁有比較安定的時間，這時候，讓人類可以像個萬物之靈的前額葉會開始高度發展。一般而言是自十歲開始，到十二歲時則是會正式地進入發展階段。在這一段時期，將會與出生後二、三年的時期類似，神經的遽增及削減的現象又會再次出現。

在這個過程之中，一時之間，大腦將會陷入超過負荷的狀況，容易感覺到混亂，也容易下達錯誤的判斷及進行危險的行為。雖然三歲時孩子的大腦同樣遭受了極度的混亂，但是由於當時父母會為孩子處理大大小小的事務，因此孩子可以在相對較小的困難下度過這個時期；但是，到了十歲之後，孩子得要更加獨立地處世，再加上過去所學習的各種知識，為了統合這一切，對於孩子而言是更辛苦的。

孩子知道的事物越來越多，但是自己能消化的能力卻尚顯不足，因而使孩子感到混亂，也才會動不動就對媽媽吹毛求疵、鬧起脾氣，但事實上這只是孩子在對自己不耐煩罷了。

在這個時期，孩子不論面對任何問題，一律會以「我不知道」作為基本答案，雖然某部分是因為想要反抗父母；另一方面，孩子雖然腦海中浮現了成千上萬的想法，他們卻是真的不知道答案。如果問了孩子「應該要好好念書吧？」孩子當然知道應該要好好念書，但是由於前額葉的發達，思考能力的擴張，孩子可能會產生無數種想法：「我應該要好好念書嗎？如果我好好念書的話，其他人的成績就會相對變差啦，那這樣也行嗎？我如果好好念書的話，我的人生就一定會幸福嗎？念書到底是什麼呢？」等等的問題。只是，要找到正確解答並不容易，於是孩子只能漸漸感到不耐煩，甚至選擇以不知道來做為回答。

為了好好度過前額葉高度發達的時期，必須要能安定孩子的「情緒腦」才行。

情緒腦指的是位於大腦深處的邊緣系統，前額葉會分析各種事件及刺激，所下達的結論會傳達給邊緣系統，並且使邊緣系統進行統合，特別是其中的杏仁核（amygdala）負責統合感情，也就是前額葉會與負責判讀及維持感情的邊緣系統持續進行會議，進而處理眼前的狀況。杏仁核充滿神經傳導物質多巴胺，在感知到興奮的事件時，會將多巴胺傳遞至分別負責記憶及情報處理的顳葉（temporal lobe）及前額葉，如果希望書讀的好的話，首先就要確保情緒腦可以安定運轉。

亞伯拉罕・馬斯洛發表了心理學需求理論假說的時期，是人類對於大腦科學的用語還很陌生的時代，但是，馬斯洛的理論卻是與現今的大腦發達理論相符的：生理上的需要存在於腦幹；安全、愛與隸屬、尊嚴的需要由邊緣系統負責；自我實現的需要則由大腦皮質專責；自我實現的需要只有在安全的需要、愛與隸屬的需要、尊嚴的需要一一被滿足之後，才能穩定地發揮，如果低階的需要無法被滿足，高階的需求雖然可以模仿形成，卻無法滿足地被表現。

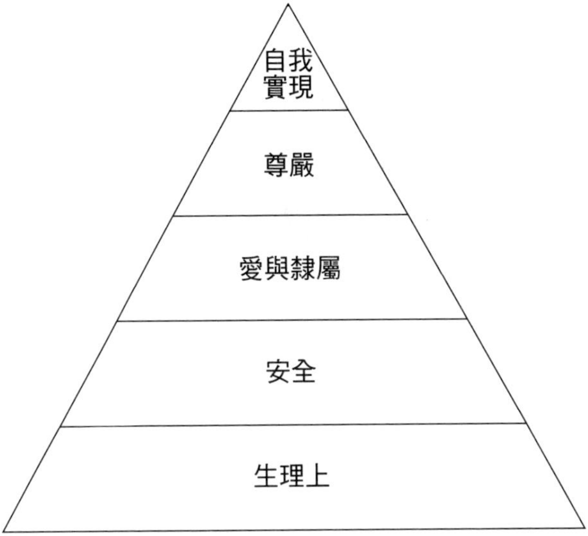

馬斯洛的需要理論

千萬不要讓孩子成為小留學生

現在讓我們來聊聊「小留學生」的問題。之前已經說過，只有心情安定的狀態下，學習狀態才會良好，但是亞洲父母一方面希望孩子學習成績優良而達到成功的目標，另一方面卻又與孩子分離，使真正影響學習力的安定情緒崩塌毀壞。

前額葉高度發達的時期，孩子光是整理過度負荷的心理機能已精疲力竭，卻還接收到父母所給予的任務——在陌生的環境中學習他國語言，真的是需要極大的能量。但因為我們的孩子頭腦很好，於是他撐下來了。但是，他的模樣卻與硬是以雙腳走路的新生兒沒什麼兩樣，就算只是出生未滿一星期的新生兒，如果抓著他的胳臂，讓他站起來走路的話，他也可以反射性地以拖著步伐的方式行走，但是，我們卻無法將他這樣的行為看作是在「走路」。

很早就與父母分離、成為小留學生的這些孩子們，確實能解決吃喝拉撒的生理需要及身體上的安全需要，但是，卻無法充分填滿邊緣系統所統管的情緒需要。因此，愛與隸屬的需要、尊嚴的需要及自我實現的需要當然也無法被完整滿足，他們可能只是一邊在辛勤地學習英語，一邊反射性地遵從父母的要求罷了。

對於任何生命體而言，安全及保護都是優先的需求，哈佛大學教育學者庫特・費舍爾（Kurt Fischer）以自己的孩子作為實驗對象，證實了這一點。費舍爾教授的實驗中，每個星期測量一次孩子的頭圍，在孩子出生後十七到十九週的時候，孩子的生長停止了，仔細瞧瞧，才發現孩子感冒了。生命體在安全受到威脅的時候，生長系統的活動便停止，直到確認環境變得友好之後，才會再次展開活動。沒有被母鼠舔拭的小鼠，在成長之後會分泌更多的壓力荷爾蒙，這是因為可以壓抑壓力荷爾蒙的產生的蛋白質無法適時地被分泌出來。而為了逃跑而加足馬力奔跑的馬匹，其繁殖機能也會暫時停止。

在我看來，讓孩子獨自成為小留學生，離開父母生活的狀態，就是會威脅到心理安全的壓力狀況，雖然孩子看起來仍然認真地學習著，但是體內卻已分泌了許多的壓力荷爾蒙。小留學生的早期留學，由於違逆了大腦發展的機制而成為效率不佳的行為，再加上會誘發產生過多的壓力，因此對於孩子的發展而言確實是極為危險的。

如果孩子成為小留學生，英文能力也許可以贏在起跑點，也許可以進入優秀的職

場，賺取較多薪水。但是這麼一來，孩子卻不一定會更加幸福。我在醫院已經看過許多這樣的案例。在精神科待久了，看過許多人生勝利組的患者，就算畢業自明星大學，有著人人稱羨的職場工作，卻毫無原因地感到憂鬱、渾身不舒服，甚至酗酒、藥物中毒。無法感受到幸福的人，如果回溯他們過去的經歷，有許多是在小時候就和父母分開生活，獨自在外地求學。這裡所說的在外地求學，不只是以小留學生的身分到國外求學，同時也包含為了要就讀高升學率的私立學校，而從小與父母分開生活的狀況。雖然乍看之下這些人似乎是成功的，但是卻在成長過程中失去了父母無微不至的照料，累積了許多心理上的緊張及不安之後，在成人的他們身上產生了身心的疾病，早一點在二十多歲，晚一點在三、四十歲。

小留學生誘發成人時期發生疾病的機制是這樣的。

在我們還是原始人的時代，過著平穩的生活，突然之間，長毛象出現了，在我們遭遇突然來訪的危急狀態時，我們會分泌腎上腺素，幫助我們逃離危急狀態。但是，腎上腺素的過度分泌或是持續分泌，將會使我們的血壓及膽固醇指數持續飆高，造成免疫力的下滑，因此會誘發疾病的產生，甚至可能會導致腦細胞的死亡。沒有長毛象的現代社會之中，壓力荷爾蒙會過度分泌的理由只有一個，就是社會上的壓力，成功的壓力、名譽的壓力、升遷的壓力、經濟的壓力、人際關係的壓力，都會成為追逐在人類身後的長毛象。

小留學生的早期留學也是社會壓力的一種，但是它比其他的壓力還要更加危險的原因是「早期」這個條件。連保護自己的能力都還稱不上完善的兒童或青少年，不僅無法在父母身邊接受安慰及安定，還被放置在一個持續供給壓力的環境之中，獨自離開的早期留學，於本質上就是一個誘發壓力的要素。

先前雖然提過，小留學生的早期留學違逆了大腦發達的機制，同時會誘發產生過多的壓力，因此對於孩子的發達而言確實是極為危險的，但是我在這裡要更加強調其危險性的原因是在於「與父母的隔離」這一個理由。父母的氣味是無可取代的，雖然我們可以用手機進行視訊對話，卻無法感受父母的氣味與溫度。無論孩子平常能夠多麼成熟穩重地堅持著，但是在下大雨的日子、打著雷的日子、吃東西噎著了的日子、想到朋友冰冷的目光而徹夜無法闔眼的時候，孩子究竟可以從誰的身上索取安慰呢？當然應該要以媽媽的氣味舒緩緊張才可以。神的安慰及恩寵太過遙遠，「神太過忙碌，所以才創造了我們的媽媽」這一句話，這時候想來真是太貼切了。

雖然對於大腦皮質第二次高度發達的時期，各學派的看法都有所不同，但是大抵可以歸納為在國中之後，最早是十七、八歲，如果還要更加保障安定性的話，大約是二十四歲之後。爸媽們在看到接受填鴨式教育的孩子進入大學之後，必定是自信滿滿地認為自己的教育方針是正確的，但是，真正的問題卻是發生在進入大學之後的求職、軍旅生活、婚姻及為人爸媽的各個階段之中，在他們面對被統稱為「壓力」的各式心理上的責任時，缺乏情緒大腦，只有言語大腦及數理大腦發達的孩子們將會立刻崩潰，他們可能會輕易地放棄，或者是倚賴著爸媽，甚或會選擇走上自殺的道路。在人類所遇到的問題中，只要IQ超過90，大抵動動腦就可以解決，為解決人類生活中的各種問題，更需要統合全體的智慧及EQ，但我們的孩子卻不具有啟動EQ的情緒根本，這才真的是因小失大。

並不是說EQ低，前額葉就不發達，反倒是因為省略了情緒腦發達的階段，前額葉可以更快地發達。但是由於前額葉的發達並非同時伴隨著情緒腦的發達，只有前額葉發達的人，就會成為沒有感情的超級機器人，雖然非常聰明，他們卻不是人類，將情緒上不安定的超級機器人拉進這個世界是非常危險的事情。電影《功夫熊貓》之中有個角色是技術超群的殘豹，以前額葉的角度而言，殘豹不僅凌駕在阿波之上，更可以視為與指導者同等級的存在，但是情感上不安定的殘豹卻是危險的。

前額葉是負責創意思考的領域，近年來，我認為全世界之中，創意力最為卓越的國家就是中華人民共和國了，最近甚至是創造了人造雞蛋、塑膠假米、皮革奶等等產品。雞蛋當然是來自母雞的肚子，米當然是來自稻、牛奶當然是來自乳牛，但是中華人民共和國卻能製作出造物主也無法作出的發明品。吃上三晚的塑膠假米，等同是吃進一個塑膠袋，可想見害處有多麼的龐大。經濟上以極快速發達的狀況下，有錢人家的孩子成為小皇帝，窮人家的孩子只能成為血汗工，極度的貧富差距下，缺乏感、無力感、挫折感、憤怒等情緒上的不安定遽增的同時，以任何方法都要賺錢的前額葉機能過度被發揮了。

這個世界已經處於一天沒有「made in China」的製品將無法運轉的狀況，黑心食品的創意思考再這麼持續下去，餘波勢必是會蔓延到我們的孩子身上的。

可以離開爸媽展開學習的時期

美國維吉尼亞大學及羅徹斯特大學，以移民者作為對象，研究了他們的英語學習能力，果然如預期地，越早來到美國，英語的學習能力越好。研究結果顯示，三到七歲時已經來到美國學習英語的人，他們的英語能力和實際上土生土長的美國人是相似的；而過了十歲之後才來到美國的移民者，他們的英語語言能力則大約只有土生土長美國人的一半。

對於移民者都已經如此，僅僅只是花費幾年的時間，前往美國學習英語的小留學生們的英語能力指數更是大幅下滑。而研究人員更提及了以下的內容：不僅只有第二外國語，就算是自己的母語，語言能力也會以這種方式大幅下滑，所以在母語具有一定實力之前，學習第二外國語雖然可以成為雙語使用者，但是也可能會成為雙語都有障礙的雙語障礙者。

而面對讓孩子成為小留學生的理由是希望他可以及早獲得世界觀的父母，我想說的是，這樣的世界觀，就算是在孩子充分感受到父母溫暖的親情之後、在大腦安定的狀況之下、前額葉的機能完全發達之後，再來學習也不會太遲的。在這樣的狀況下，孩子反而能擁有更加成熟的視野。在這個世界上，任何事情都不是百分之百的，雖然葡萄酒對於心臟疾病有好處，對於大腦發展卻是有害的；雖然我們知道咖啡是不好的，但是卻可以預防糖尿病及老年癡呆；以小留學生的身分早期留學雖然對於外國語的學習能力有益，但是對於只有在情緒安定下才能進行的大腦整體發展，卻是有害的。

對於藝術及體育類的早期留學的危險性相對是比較低的，這是因為藝術是對於邊緣系統的刺激所獲得的轉換結果的緣故，聽見了某首歌曲，想起了媽媽或奶奶，因此流下了眼淚，一邊聆聽這樣的音樂，一邊演奏呈現，情感同時進行轉換，是可以消弭情緒上的動搖的；相同的，運動也可以透過無止盡的身體行為的改變，達到某種程度上，消除父母不在身邊所造成的情緒上的緊張。但是，單純為了提升英語實力而進行的留學之中，幾乎沒有發揮、轉換感情的機會，因而使孩子的身體及心靈都變得更加疲憊，如果你還是堅持要讓孩子成為小留學生，那麼請務必讓他們同時進行藝術活動或運動吧！但是就算如此，對於他們因為無法感受父母氣味所造成的問題，也不過是個可以應急解決的方法罷了。

現代社會之中，讓孩子可以安定地度過小留學生時期的方法有以下三個：首先是父母和孩子一同前往海外留學；其次是一定要做到第一個方法；而第三個則是千萬不要忘記第二個方法。如果以錯誤的方法讓孩子成為小留學生，那麼反而可能會損失掉本金，也就是鑽石般的孩子的價值。孩子可以獨自前往海外，成為小留學生的年紀，是進入前額葉安定期的大學畢業之後，再怎樣提早，也應該是在高中以後。

我所想要的是一〇一大樓、流暢的英語、一百發子彈

以我在精神科工作超過二十年的經驗，大抵也可以分析精神疾病的趨勢。以韓國而言，在我一九九〇年代開始於精神科實習的時候，精神科患者的年齡層是有其型態的，經歷幼兒期發育遲緩的問題之後，度過幼年期，即小學入學的適應問題之後，求診人數會趨於緩和，除了部分青少年因為無法適應前額葉機能高度發展時期而引發的思覺失調症之外，可以稱為進入了緩和期。在那之後，五十多歲時的更年期憂鬱症、六十多歲時的老人憂鬱症及老人癡呆等問題也可能會發病。我還記得，當時我們一群一同實習的同袍之間，還開玩笑的說，「我們都已經過了三十歲，看來是不會罹患思

覺失調症了，現在只要小心不要得到老人癡呆就好了。」思覺失調症是由於前額葉機能高度發展過程中多巴胺的分泌發生異常所導致，所以只要能好好度過這個時期，當然未來也不會有思考混亂的問題發生。

但是進入兩千年之後，患者的年齡層就發生了改變。首先是因為過去不曾有的排擠、校園暴力、網路中毒等原因，使青少年期的患者數量大幅增長，就算可以熬過對於學生來說最為艱辛的高三時期，二十多歲的患者還是顯著地上升了。無法適應學校生活、畢業之後無法找到工作，因而感到憂鬱，就算進入職場，也仍然無法適應這個環境；與男女朋友分手之後，立刻就割腕明志；兵役是能避則避，就算到了軍營，又無法適應這個環境；青少年時期的混亂延長到三十多歲的年紀，就算結婚之後，仍然無法照看子女，只好將子女託付給祖父母；因為股票失敗而使家庭面臨破產的命運。從四十多歲就開始發生的更年期憂鬱症足足比過去早了十年的時間，簡單來說，就是緩和期消失了。

令人驚訝的是，緩和期消失了的近十年來，正好也是小留學生數量急遽上升的時間，若說這是以部分大腦的發育，取代原本全腦發育作為目標所造成的結果也不為過。早期留學的熱風並不僅僅只導致一兩個家族的衰敗，也引發了令人擔憂的社會現象。有些家庭就算經濟狀況略顯困頓，就算孩子不快樂，就算家庭分散兩地，還是有許多人要讓孩子成為離鄉背井的小留學生。那麼，這個問題到底是誰造成的呢？我認為這是政府的無能所造成的。無法送孩子出國留學的父母們，由於相對產生的剝奪感、劣等感，於是產生了將孩子送進明星大學作為補償的荒謬執著，使整個家族都喘不過氣，所以才會使得來到精神科就診的患者們的年齡層緩和期消失了。

請你冷靜地重新想想，你是不是為了孩子真正的幸福，才讓孩子成為小留學生？或者只是希望孩子能搶先站在起跑線上，才讓孩子成為小留學生？而今晚，也請你真心誠意地與孩子聊聊，對於他們而言，幸福究竟是什麼？

正常的孩子就算是暫時發生些微的適應問題，只要父母適時的介入，他們也能回復到正常的生活，而這些孩子在完成句子檢查之中是這麼寫的：「我最期盼的是永遠與父母一起健健康康地生活。」而發生了比較嚴重的適應問題，需要父母花費更多心力介入關心的孩子又是這麼寫的：「我最期盼的是能擁有住在一〇一大樓裡的錢、厲害的英語能力、一次可以發出一百發子彈的手槍。」

雖然可以理解其他的答案，但是為什麼會需要手槍呢？在模擬考中拿到全國第一名，擁有一定要考上頂尖大學的心願，但是卻以刀子殺害了不讓自己睡覺、也不讓自己吃飯的媽媽的高中三年級學生給了我這樣的答案。

今天晚上，請你讓孩子完成「我最期盼的是＿＿＿」的句子吧（請參照本書第76頁），只是，請你務必記得不要帶著太過嚴肅的表情，而是必須要以父母及孩子都可以擁有好心情的遊戲心態來進行。如果孩子只寫下想要金錢及財產，再更嚴重的事態發生之前，請你真摯地細細回顧對孩子的教育方針吧！如果這樣的孩子成為小留學生，回來後又進入了明星大學，雖然他們可以賺取足夠讓自己好好生活的金錢，但是他們卻仍然無法成為父母及社會的大支柱。神奇的是，期盼自己成為擁有百億身家的孩子之中，八成以上是生活在沒有家計問題的家庭之中，父母寧可投資金錢，以取代應該要陪伴在孩子身旁的時間的這一件事，已經使孩子對於金錢過度執著了。

事實上，這些小留學生的父母認為讓孩子成為小留學生，是他們能夠給予孩子的最好禮物，但是，真的是如此嗎？我們能給予孩子的最好禮物其實就是自身的存在，盡可能地待在孩子身旁，盡可能地給予關懷及親情，沒有什麼是比這個更好的禮物了。

某些父母會這麼告訴孩子，「就算我們分隔兩地，但是還有神在你身邊，有什麼好害怕的？」但是，我反倒想反問這些父母，如果真的是這樣的話，那麼為什麼神要創造出媽媽這個角色呢？只要從天空就可以掉下來的孩子，為什麼卻得透過媽媽的肚子才能來到這個世界呢？

耶穌在爸爸身旁學習木工技藝，直到三十歲時才離開父母身旁就此獨立，雖然我們只關心耶穌展開翅膀的那一瞬間，但是，如果我們再看看耶穌展開翅膀之前的過去，耶穌在成為青年之前，也是在媽媽身旁安靜、平穩地長大的。

為什麼無所不能的神要讓耶穌這樣地長大呢？為什麼不讓耶穌成為小留學生，從一開始就讓他嶄露頭角呢？原本平凡的青年，某一天卻突然成為神之子，世人將會多麼逼迫他，難道神會不知道嗎？五歲時學習了三國語言、十歲時救治了中風患者、十五歲時沉靜了大海，而獲得了彌賽亞的稱號，最後無血入城。在我想來，神是要讓耶穌雖然身為神之子，卻能以人類的身分成長，也能徹底地走過了人類所走過的道路，所以才會讓耶穌在成人的三十歲為止，平穩地在媽媽身旁成長的吧。孩子出生之時，看見許多來到馬廄向孩子行禮的人，而體悟到自己的孩子並不是普通的孩子的媽媽，在這三十年時間裡，媽媽又是多麼愛之重地將孩子養大的呢？

多年來，以全世界的人們作為研究對象，研究了輔助療法的加州IHM健康研究中心，發表了「父母的行為會對孩子的大腦發育造成影響」的證據，研究結果顯示，愛情、關心等正面的情感可以使兒童的心跳產生一致的心電圖態樣，但是壓力、憤怒等負面情感則會造成參差不齊的心電圖態樣。雖然這個研究結果看起來似乎與學習是毫無關連，但是，心跳卻能向邊緣系統的杏仁核發出回饋訊號，那麼，杏仁核究竟會認可一致的心電圖態樣，還是參差不齊的心電圖態樣呢？想當然耳是一致的心電圖態樣的心跳吧。如果希望心臟能規律地跳動，就需要在一定的時間內，待在熟悉的環境中，看著熟悉的人，嗅聞到總是聞到的味道，聽見總是聽見的聲音才行。規律的心跳向杏仁核傳送「現在處於安全狀況」的訊號，杏仁核則可以再次傳送讓前額葉安心繼續指揮狀況的訊號。而惟有在心跳稍微加速的情況下，才能適應預期外的狀況發生，所以偶爾讓孩子去參加露營，如果經濟允許的狀況下，也可以讓孩子花費一兩個月的時間在國外旅行，只是千萬不要為了讓孩子得以成長，就將年紀還小的孩子突然帶進叢林裡冒險。

媽媽們，請你複習國中一年級的課本吧！卵子在受精之後，約經過十週的時間，孩子的心臟就會開始跳動了，心臟是孩子身上最早被完成的器官。到了第二十五週，脊椎構造形成，在那之後，孩子的大腦才會開始發育。心臟的安定是第一優先的，在這裡，讓我再苦口婆心的多附加一句話，如果讓孩子習慣負面的評價、指責、體罰、暴力的話是會讓人很為難的，因為這些行為會讓孩子不規則的心跳變成規則的心跳。

讓我們告訴要出國早期留學的家人，要他們小心出門、平安回家吧，面對有福氣能與父母一同接觸外國文物、增長英語能力的家人，真心地將自己羨慕的心情傳遞給他們吧。但是，即使沒有這樣的福氣，也應該要知道自己也會有另外的福氣，而快快出發去尋找自己的福氣才是。如果不知道放在自己口袋的鑽石的價值，只是貪圖覬覦他人手中的寶物，那麼勢必是會傷心難過，徒然浪費自己的人生，這個世界上，有些人擁有這樣的人生，另一些人擁有那樣的人生，而究竟哪一條路才會是真正幸福的道路，其實是沒有人知道的，我們只要找到與我們一家的狀況、與我的幸福色彩相符的道路就可以了。

雖然我們會為了尋找幸福而做許多的嘗試，但是幸福反倒會離我們越來越遠，那麼，現在起，我們的方法是不是應該要改變了呢？說不定，孩子獨自前往的早期留學或者是在英語上的投資，只是對於特定孩子才有效果的方法，這些方法也許不適合我們一家。

仔細想想，其實媽媽們真的是很有智慧的，就連生長在土地裡的人蔘，根據個人體質的不同，也有不宜食用的人，所以給某些子女吃人蔘，給某些子女吃紅蔘，而對於真正不適合的子女，也不會勉強他們吃。讓我們的子女，也就是擁有最頂尖頭腦的孩子們，也能見識到我們的智慧吧！我們只是一時被炫目的傳聞及主張給迷惑罷了，我們的大腦中早就擁有媽媽們的智慧，現在就是我們發揮原有智慧的時候了。

2.過早開始的學習反而會葬送了孩子的未來

早期教育的熱潮所導致的實驗的錯誤

明明就應該要讓孩子盡早開始學習，也應該讓孩子學得越多越好，問題到底是什麼呢？讓我們來看看二〇一一年十一月韓國國民健康保險公團所發表的資料。

二〇一一年苦於憂鬱症而接受醫院治療的十多歲青少年的人數為兩萬八千三百〇六人，比起五年前，即二〇〇六年的兩萬〇六十三人足足增加了15.3％，其中被懷疑罹患重度憂鬱症，必須要住院治療的學生高達4.6％，而專家分析結果，認為近年來青少年憂鬱症罹患比例升高的原因在於，青少年接受到比起過去更重的壓力，最讓他們煩惱的問題依序為學業（55.3％）、外貌（16.6％）、職業（10.2％）、家庭環境（6.8％）等。

台灣的調查則顯示有四成的高中職青少年，出現「情緒低落」現象，更有6.4％的男生和8.1％女生已經達到必須就醫的標準。

青少年的煩惱之中，過半的人選擇了學業，但是可惜的是，雖然外貌、職業、家庭環境等並非一下子就可以解決的問題，學業所帶來的壓力卻是只要父母的想法改變，就可以立刻消弭的壓力。另外更令人驚訝的是，學業竟然也是父母壓力的來源之一，亞洲的父母們除了家計問題、夫妻衝突等問題之外，接下來就是因為孩子的學業成績而使他們備感壓力，明明就同時是孩子及父母的壓力源，但是無論是孩子或是父母，卻都不去試圖解決，才會造成現今的局面。

各種性格類型之中，A類型的人，不僅競爭意識強烈，還顯得急躁、衝動，無法耐心等候，常常發脾氣，對於勝利也比較執著。學理上對A類型的人的首次觀察，並不是發生在心理學實驗室或精神科診療室，而是在心臟內科。來到心臟內科求診的患者之中，有許多無法忍受候診時間，容易生氣、顯得坐立不安的患者，因而使候診間的椅子常常損壞。如果對A類型的人進行進一步的追蹤，就會發現他們罹患心臟疾病的機會比一般正常人還要高三倍，當然媒體也針對這樣的個性及競爭的生活態度給予警告，但是他們卻仍然無法擺脫自己的生活態度，這是因為——也因為他們這樣的生活態度，才使得自己在某方面獲得了成功，而成功的果實終究是甜美的。

學業壓力也是如此。雖然我們從很久以前就知道學業壓力會讓孩子痛苦，但是父母的想法卻仍然不動如山，父母的理由可能有以下兩點：第一點，也許是他們無法拋棄自己A類型的性格，第二點，因為他們還不瞭解早期教育及過度學習的真實面貌。

有一個關於世界性的早期教育熱潮的動物實驗。

根據這個動物實驗的結果，在有許多輪子、梯子等玩具的實驗箱之中成長的老鼠，比起在沒有任何刺激的空實驗箱之中獨自成長的老鼠，腦細胞之間的接點數量增加了25%，而「腦細胞之間的接點數量多，表示智能較高」的研究結果發表之後，全世界的父母都為了要讓自己的孩子盡早接觸到刺激而忙碌著。

但是我們卻忽視了另一個重要的事實，英國心理學家薩拉—傑恩・布萊克莫爾（Sarah-Jayne Blackmore）的《樂在學習的腦——神經科學可以解答的教育問題》（*The Learning Brain: Lessons for Education*）一書中，卻告訴我們，實驗室所提供的充滿刺激的實驗箱，事實上和一般老鼠所身處的平凡環境是相同的，水溝並不如我們所想的是枯燥乏味的環境，老鼠在越過不亞於梯子等玩具的障礙物、尋找自己的食物的同時，水溝其實也是記憶及學習的場所，老鼠就算沒有被放置在特別布置的實驗箱中，腦細胞之間的接點數量也是非常多的。反倒是被放置在空實驗箱中的老鼠，因為陌生、可怕的環境，杏仁核當然會隨之萎縮，需要與杏仁核傳遞訊號的大腦皮質也跟著萎縮，而腦細胞之間的接點當然也就減少了。這個實驗的結果告訴我們，提升老鼠智能的環境，並不是充滿刺激的環境，而是與平常身處環境相同的環境；同樣地，讓老鼠智能降低的環境，也不是枯燥乏味的環境，而是與平常所處環境不同的環境，也就是說，不要剝奪我們平常所處的平凡的環境，才是對於大腦發育有效的方法。

對於我們的孩子而言，「家」就是和老鼠的水溝相同的環境，家門口的公園更是沒有必要多說，即使只是在住家四周環境中好好玩耍，也會使孩子的大腦皮質厚度得以增加。雖然不知道，僅僅以人為的刺激及玩具就可以增加孩子的大腦皮質厚度的理論是從哪裡開始的誤會，但是這個誤會卻被商業教育機構給錯誤引用，積木、拼圖等許多玩具搖身一變成為可以使大腦皮質增厚的魔法棒，但是，值得慶幸的是這些玩具並不會使大腦皮質的厚度減少。

商業教育機構的韌性是非常了不起的，這次改提出了實驗之中，放置在單調環境中的老鼠，在短短四天之內，精神狀態就已經退化的結果。如果只是待在家裡，不僅無聊，也很危險，以此煽動著父母應該要外出做些什麼。但是，覺得無聊的人是父母，並不是孩子，對於孩子而言，就算是打翻了抓在手中正在喝的牛奶，都是足以讓他們感到驚訝的全新世界。雖然老鼠在單調的環境之中，精神狀態大幅度地退化了，但是擁有比老鼠幾千倍進化的前額葉的我們的孩子，就算只是面對打翻的牛奶，也可以浸在牛奶中畫畫，讓媽媽的血壓上升，我們的孩子一再地創造著全新的事物，所以當然不會有退化的狀況發生。更重要的是，如果老鼠能逃出陌生的空實驗箱，回到熟悉又有許多刺激的水溝，他們也將可以恢復已退化的精神狀態。

儘管如此，拿玩具來玩其實也不是糟糕的選擇，更糟的是在孩子應該拿玩具在玩的時間，硬是教他們學習文字的這一件事。如果你是對於子女的教育充滿關心的媽媽，你一定知道人類的前額葉比起其他的動物都還要發達的事實，但是你卻不知道，雖然玩具可以刺激前額葉的運轉，單純的文字閱讀只會刺激側額葉的運轉。當然，側額葉對於學習、情緒的掌管確實是極為重要的區域，而人類除了單純的記憶、學習之外，還需要更進一步地統合、創作，但是父母們卻過度積極專注於側額葉的開發這一件事，讓我覺得有些惋惜。

對於我們的孩子而言，真正顯得枯燥乏味的地方，反倒是一成不變的國中、高中的環境。枯燥乏味的環境之所以不好，是因為如果大腦就這麼接受、適應了枯燥乏味的環境，就不會再分泌多巴胺了，多巴胺只有在遭遇到了有趣的刺激的時候、特別是不曾預期到的、值得挑戰的刺激的時候，才會被分泌出來。如果觀察看著電視的孩子的大腦，雖然一開始大腦皮質的作用是相當活躍的，但是過了一陣子之後，大腦皮質的作用就會趨於減緩，最後再也不會產生任何反應，這就是大腦接受、適應了枯燥乏味的環境的結果。

二〇一〇年美國佛羅里達大學的研究團隊，以出生才一、二天的新生兒作為研究對象，觀察到新生兒的大腦在二十四小時內的作用都是不會停止的，我其實有點擔心商業教育機構會再度錯誤引用這個研究結果，提出例如「孩子在睡覺的其實也能學習」等的口號。事實上，孩子的大腦當然二十四小時內都應該要作用，如果停下一秒也就是死亡了。就算是睡著的孩子也能接受教育的心，其實是免費的心理，也是一獲千金的貪心心理，且這又與「我這麼拼命地在賺錢，你也讓我看到一些成果吧」的心態有什麼不同呢？然而睡眠對於學習卻是必要的，這個故事讓我們稍後再來討論。

只有多跑多跳，功課才會進步

系統性研究兒童思考過程的瑞士心理學家尚・皮亞傑（Jean Piaget）將兒童認知發展過程分為感知運動階段（〇～二歲）、前運算階段（三～七歲）、具體運算階段（八～十二歲）、形式運算階段（十三～十六歲）等四個階段，也可以大抵區分為前運算階段（七歲之前）及運算階段（七歲以後）兩個階段。心理學用語中，所謂的「運算」是指成為心理精神上的行為，表示與其他事物進行比較、瞭解其中的規則，並且重新創造的意義。兒童必須要在七歲之後才擁有「運算」的能力，在七歲之前，可能完全不具有運算能力，或是只擁有不安定的運算能力，於是才被稱作「前運算階段」。而儘管七歲之後的兒童已經擁有運算能力，但是直到十二歲之前、小學畢業前，也只能根據眼前發生的事實進行理性的思考，只有進入國中之後，才能進行形式上的運算，也就是進行抽象的思考。

依據尚・皮亞傑所提出的認知發展理論，還在幼兒園時期的孩子要進行運算是有困難的。但是，孩子的運算行為是什麼呢？計算、比較、色彩區分、認知形狀不同的碗裡裝了一百毫升的水、觀察特定的事物，並瞭解形狀不同的事物實際上是相同的對象，還有問題的學習。聽和說雖然是屬於先天性的語言能力，但是讀和寫則是運算的行為。

我們能理解到「ㄐ＋一＋ㄤ＝ㄐ一ㄤ（江）」及「ㄏ＋ㄡ＋ˋ＝ㄏㄡˋ（候）」，就是因為我們能運算的緣故。腦筋轉得比較快的媽媽，可能已經猜測到為什麼我會在這裡提到這個令人頭痛的問題了，是的，沒有錯，在幼兒園時期就算不集中讓孩子學習文字也是可以的。因為媽媽的要求，才跟著「畫」出文字的孩子，在這個時期，他們還無法熟練地運算。就算如此，也還是會有問我「提早開始不好嗎」的父母，如果太早開始，到了正式精神上開始運算的時期，運算的樂趣就已經消失了，因為孩子所擁有受到外在動力驅使而被動地模仿的學習經驗，打從心裡誘發產生的創意性、自發性的學習樂趣也就消失了，因為大腦的迴路早就已經習慣了。過早讓孩子學習文字的教育方式，就是不瞭解認知發展的氣勢所做的行為。

我在這裡，要根據尚・皮亞傑的理論，提出另一個名字稍微改變的幾個階段。以六歲作為基準，六歲之前為感覺運動養育階段，六歲之後則為象徵思考養育階段。在感覺運動養育階段是需要集中開發孩子的感覺能力及運動能力的時期，以感覺之中的視覺為例，孩子雖然是在擁有視覺機能的狀態下出生的，但是孩子的三次元立體視覺，也就是用以判斷媽媽究竟是在我的眼前、在我的身旁、還是縮成一團在睡覺？或者是自公寓十樓向窗外看去，能精巧地瞄準、把握到「那個人是我媽媽」的狀態，則必須要到六歲時才會發育完全。而運動能力則是包含負責跑跑跳跳的大肌肉群運動，及負責剪裁、扣釦子的小肌肉群運動，也就是孩子在六歲之前，必須要充分地暴露於感覺的刺激之中，多跑多跳，都是大腦發育的必須充分要件。

在孩子六歲之前，能夠跑跑跳跳的時間，仍然必須要是讓孩子背誦文字的時間的五倍以上；在孩子小學三年級之前，跑跑跳跳的時間，也應該是孩子在補習班上課的時間的三倍以上才行。身為相信孩子們就是國家未來的主人翁的政府機構，就應該在每個社區都設置覆蓋黃土的安全空地，讓孩子能在空地玩耍直到日落為止。事實上也不需要特別為孩子們製造什麼特別的節目，只要空曠的土地上設置幾種道具，孩子們自然而然地就可以在玩跳房子、丟沙包、跳橡皮筋等遊戲的同時，促進大腦的成長。

在孩子常常跑跑跳跳之後，大腦就會產生名為腦源性神經營養因子（Brain Derived Neurotrophic Factor，簡稱ＢＤＮＦ）的物質，ＢＤＮＦ為促進大腦成長的強力因子，使大腦發達，也會使成績變得優秀，而且，當BDNF不再分泌之時，將會導致老化現象的發生。

以大腦發育的角度來看，就算是國中生或高中生，由於大腦尚處於發育期，因此也應該要常常活動身體才可以。哈佛醫學院精神科臨床教授約翰・瑞迪（John Ratey）認為體育課有正面的影響，在美國南卡羅來納州的某個國小，在第一堂課之前上體育課之後，學生們的學習能力不僅上升了17%，因為違反校規而被記過的學生的比例也比前一個學期減少了83%；就算不是體育課，只是讓孩子在操場上活動活動也是很好的，只是在陽光下三十分鐘，也能減少目前學校中所發生的問題的70%以上。曬著太陽、與朋友並肩邊走邊聊的同時，孩子的緊張感放鬆，與朋友之間的親密感也增加，學校暴力事件也因此減少了，而且還可以讓孩子的體內形成維他命D，不僅骨骼變得強壯，體力也變得更好，而且陽光還會讓孩子的心情變得更好呢！

到了日照量減少的秋天、冬天，症狀會變得嚴重的憂鬱症被稱為季節性憂鬱症，針對這類型的憂鬱症，可以在藥物治療的同時，一併進行光照治療（light therapy）。所謂的光照治療就是多曬曬陽光的一種治療方法，雖然在醫院中會是照射經過科學實驗驗證的光線波長及強度，但是多曬曬陽光就已經充分可以幫助青少年預防憂鬱症的發生。如果今天我是教育部長，我一定會盡可能地確保操場的佔地面積，讓孩子在兩小時的數學課之後，可以在操場玩個三十分鐘，上了兩小時的英語課之後，再讓孩子們繼續在操場上玩個三十分鐘，這麼一來，孩子們的成績變好、校園暴力減少，孩子們的體力、學習能力也都上升了，這才真可稱的上是一箭四鵰的教育方法。

在養育孩子的過程中，最讓我感到懊悔的一件事，就是沒有趁他們還小的時候，讓他們多多地跑跑跳跳，如果我可以早一點知道，讓他們多多跑跑跳跳甚至會比在補習班待上一年的時間更可以幫助頭腦變得清晰的話……但是，就算只是一星期之中的一、兩天，只要孩子可以盡情地跑跑跳跳，他們也能某種程度地消除自己所遭受的壓力，所以我也不打算太過哀傷，而ＢＤＮＦ另外也有對抗壓力荷爾蒙的能力。

在孩子小學入學之後，就進入了孩子的語言象徵養育階段，這時候才會是孩子應該要熟悉象徵，也就是文字、數字的時期，這時候只要能夠讓孩子專注地學習文字，會比之前花費三、四年的時間更有效率，孩子可以立刻理解並舉一反三。

如果忽略了孩子不同的發育階段，在孩子的感覺運動養育階段讓他們學習文字，這就會成為孩子的壓力及阻力，如果對於才剛剛可以站起來的孩子，要他們立刻去騎腳踏車的話，孩子會如何呢？腳踏車將成為他們的壓力，成為一輩子都不想看見的東西吧。如果希望孩子學習能力好，勢必是需要興趣及動機的，而已經成為壓力的事物，孩子當然不可能再對它產生興趣及動機。再加上，被迫學習文字的孩子，他們的感覺運動能力也無法充分發育，他們的認知系統最終將成為只知道文字的狹小系統。也許會有父母認為，只要能聽見、看見、跑跑跳跳不就夠了嗎？為什麼孩子還需要更進一步做什麼感覺及運動的發育呢？這是因為，就算看得見、就算會走路，也不代表孩子的發育過程已經結束，雙眼及雙腳得在協同作用下，才能在任何狀況下都不會跌倒，也才能避開眼前的各種障礙物，這樣一來，孩子的感覺運動機能才稱得上是發育完全，在治療跌打損傷的各式軟膏的購置費用大幅減少的時候，這時候，這個階段才算是完成了。

美國維吉尼亞大學研究人員為了瞭解人為的刺激是不是會使鵪鶉的感覺更快速地發育，於是在數百顆鵪鶉蛋之中，取了其中一部分進行突發性的光線照射。雖然說，正常狀況下孵化出來的小鳥會照射到陽光，但是也許及早讓鵪鶉蛋照到陽光，也會讓視覺發育的速度加快也說不定。然而，這樣的鵪鶉蛋之中孵化出來的小鳥身上卻發生了不曾預想到的問題，也就是小鳥的大腦視覺發育速度過快，使得小鳥失去了將鳥媽媽的行為及聲音刻劃在腦海中的刻印能力，小鳥在孵化之中，不會跟隨著鳥媽媽，只是四處徘徊。同理可證，違逆自然發展的教育方法，反倒會妨礙正常的發育。

最適合文字學習的時間是什麼時候呢？

幼兒園學童和小學生有什麼不同呢？想想孩子一天的行程吧。

也就是「睡午覺」這一件事，比較有經驗的幼兒園甚至會讓所有的孩子都睡午覺，就算沒有這麼做，一般孩子從幼兒園回家之後，都會沉沉地睡上一頓。剛出生的孩子一天的行程就是吃飽睡，玩完又睡，還有繼續睡，我們的人生中，六歲之前的時期，就是睡覺睡得最多的時期，在那之後，睡眠時間會漸漸縮短，成為老人之後，就會在清晨早早地醒來，睡了又醒，醒著之後，最後才不再清醒，就這麼回歸到完全和平的另一個世界。

睡眠最多的這個時期，所發射出來的腦波是δ波和θ波，相反地，清醒讀書的時候則是發射出γ波和β波，而在冥想等鬆懈狀態下發射出來的是α波，在主要發射出δ波和θ波的六歲之前，是屬於一種半夢半醒的狀態，所以大腦還不是處於一個準備好要讀書的狀態，只是在一邊玩耍、一邊觸摸、一邊聽、一邊看，這麼理解這個世界，熟悉活下去的技藝的時期，並不是坐在書桌之前，努力讀書的時期。

我們人類，特別是孩子，比起象徵，更應該要接觸經驗，就如同之前所說的，只要經歷過具體運算階段之後，也才能度過形式運算階段，在以文字的形式學習蘋果之前，更應該要先摸摸看蘋果、先嘗嘗蘋果味道，並且親眼看見蘋果紅色的蘋果、綠色的蘋果、黃色的蘋果才可以。象徵是將知識的世界壓縮之後的成果，比起經驗，如果讓孩子搶先經歷到壓縮的知識，就和沒有品嚐到各式各樣好吃的料理，只是隨隨便便吃一顆維他命是沒什麼兩樣的。

也因此，芬蘭、德國等歐洲國家是明令禁止在幼兒園中進行文字教育的，就算老師來到家中進行學齡前的教學，老師也是會受到政府的警告的，事實上，在英國也曾經出現過，在孩子進入幼兒園之前，事先教導孩子英文字母及數字，因而被政府警告的韓國媽媽。在這個時期，應該要讓孩子盡可能地體驗過更多的事實，並且培養他們的專注力，而文字教育卻會妨害孩子專注力的發展。以英才教育法而聞名的以色列，到幼兒園為止是不會教育孩子文字或數字的，甚至是讓我們光是聽見名字就有了競爭意識的日本，現在也慢慢接受自然主義式的教育方法了。

數字、注音的學習，只要在小學入學的一年前開始就可以了，我的兩個孩子都是這樣的。但這並不代表不需要讀書給孩子聽，前面已經說過，讀書是非常重要的，在孩子六歲之前，不需要特別要求他們得自己讀書，只要常常讀書給他們聽就可以了。我們常常會將大腦比喻為宇宙，複雜的腦細胞就是無數的星星，媽媽讀書給孩子聽、孩子理解書中內容的過程，是發生在宇宙右邊盡頭的事；而孩子獨自閱讀是發生在距離數億光年的宇宙的某個空間；而寫字及句子的完成則是發生在距離數兆光年的宇宙左邊的事，只有搭配大腦發育的過程，緩緩地進行，才能毫無疑問地獲得最有效率的成果。如果媽媽每天讀書給孩子聽，而孩子在某一天竟然自己閱讀了呢？雖然驚訝，卻也不難想像，對吧？

學者們提出人類一生之中，大腦急速成長的時期是三歲、六歲、十歲、十四歲、十八歲，在這些年齡的時候，突觸的接點會爆炸性地大幅增加，腦細胞的活動旺盛，葡萄糖的代謝也會巨幅地增加，在大腦爆炸性地發育的時期，我們更應該要為孩子創造平靜、安定的環境，而不是讓大腦的能量被其他事物剝奪。

過度的學習將會導致憂鬱症和學業退步

亞洲父母對於孩子教育的相關錯誤類型主要有兩類：一類是孩子已經到了應該要正式開始學習的年齡，父母卻毫無關心，也不在意孩子自學校帶回家的作業，使孩子成為學習遲緩的兒童；另一類則是相反地對於孩子的學習過度操心，使孩子成為過度學習的兒童。所謂的「過度學習」，一般而言雖然是指一整天花費過多的時間在學習上，但是同時隱含投入過多的心力在學習符合自己的個性、性向、能力等事情。雖然不知道這對於我們而言究竟是幸運還是不幸，韓國社會中的過度學習派的比率是高於學習遲緩派的，學習遲緩的孩子，在其他孩子已經為了自己的人生而奔跑的時候，雖然還是緩緩地走著、活著，但是只要沒有自卑感之類的情緒問題，在學校及社會的幫助之下，總有一天可以跟上進度。另外，由學習遲緩是由於自己沒有展開學習所造成的後果，他們也比較不會感到委屈；反倒是過度學習派的孩會子有更大的問題。

這些孩子將會遭遇到極端的結果。雖然也有符合父母預期的聰明又成功的孩子，但是也有因為可以承受了莫名的壓力而來到精神科求診的嚴重結果，且再加上自己明明已經依照父母的期望認真地學習了，卻得面對這樣的結果，心裡的委屈想必可與天齊。

被趕學習與自己的性向及能力不符的過程之中，十中八九會發生憂鬱症的症狀，這是因為憂鬱症的起因即是「期盼中的自己」與「現實中的自己」不一致所造成的疾病。

有一個就讀明星高中的學生，這個孩子擁有在全國中也稱得上是優秀的成績，卻是以全校六百五十名學生之中第六百名的成績入學，因此相對其他更優秀的同學有著濃濃的自卑感，雖然在自己的努力下，在一年級下學期拿到了全校一百五十名的成績，但是因為接下來成績持平沒有進展，挫折感日益加重，高中三年級的時候，完全無法承擔這沉重壓力的孩子，終於下定決心這麼告訴爸爸。

「爸爸，我真的好累。」

爸爸卻只是這麼回應他。

「高三都是這樣的啦，忍一忍吧！」

孩子於是忍下來了。但是在那之後，應該讀書的時間，他只是傻傻地站在社區小公園的遊樂設施旁，身上一點一點地出現了奇怪的徵兆，最後因為嚴重的憂鬱症而試圖自殘，最後來到精神科求診。

在明星高中之中，可以在六百五十名學生之中，擠身於第一百五十名的孩子，他的學習能力是非常卓越的，只是，在極度競爭的狀況下，必須一整天讀書的環境不適合他，如果考量到他的個性，讓他轉學到比較輕鬆的環境中，現在也應該能進入還不錯的大學的這個孩子，現在仍然常常進出醫院，別說是大學入學考試了，幾乎是什麼也做不了。他深深陷在自己根本不需經歷的無力感及挫折感之中，更因為自己已經求救，父母卻不當一回事，最終失去了自我，處於長期學習遲緩的狀態之中。

比起前一個事例，另一個勇敢的國中生的故事如下。

小學五年級開始，就以明星高中做為目標的孩子，在國中三年級的期中考後，明白地告訴爸爸自己不想唸明星高中，也不想要繼續在戰爭似地環境中生活了，但是爸爸卻認為孩子只是還不懂得人情世故，而沒有將孩子的話往心裡放。然而儘管如此，就算爸爸拿出高爾夫球桿威嚇孩子，孩子也沒有因此屈服，雖然媽媽好不容易攔下了爸爸，並且讓孩子先回到房間冷靜冷靜，但是孩子就此不願意再踏出房門一步了，在那之後，孩子的成績不僅一落千丈，更因為產生了幻聽現象，而被送到了精神科，在住院約一個月之後，雖然幻聽的症狀消失了，但是孩子卻已經失去了對於世界的任何動機及欲望，因此對任何事情都沒有興致與熱情，陷入了學習遲緩的狀態之中。

這個孩子的爸爸是有錢人，雖然外表看來沒什麼特別的壓力，但是實際上卻因為高中時期中輟的事情，心裡有著濃濃的自卑感，因為想要透過孩子補足自己所沒有的欲望太過強烈，才會因為孩子的一番話而失去了理智。其實退後一步來看，就算孩子沒有進入明星高中，也還有很多可以紓解爸爸心中遺憾的方法，但是爸爸卻因為自己所規劃好的人生被扭曲而忍無可忍，爸爸在完成句子檢查中，以鬼畫符、毫無誠意地方式完成的句子是「如果我再年輕一點，我一定會拼命學習、一定要繼續學習」，他只是將這個對象轉移到孩子的身上，其實他並不是執著在孩子的未來，而是執著在自己的過去罷了。

罹患憂鬱症的高中三年級孩子的媽媽，在完成句子檢查之中是這麼寫的。

「我最期盼的是可以變得幸福，但是孩子的成績卻是個大問題。」

這個孩子的成績是全班的第一、二名。

就算孩子沒有發生精神問題，這樣的爸媽想要在孩子的人生之中獲得自己想看見的成果也是很困難的。誠如先前所強調過的，當負責情緒的杏仁核傳遞出負面的訊號，負責記憶的側額葉及負責統合思考的前額葉皮質也會開始萎縮。無數的研究結果指出，比起壓力指數低的人，壓力指數高的人的認知能力分數甚至可以下滑五十個百分點，而對於腦力開發有研究的媽媽們所熟知的，負責記憶的海馬迴在身處壓力的狀態下，會活化的皮質醇（cortisol）受體也會漸漸地不再活化，這是為了不要讓主人記得曾經威脅生命的事件，如果皮質醇受體過於頻繁地接受強烈的刺激，便會對海馬迴產生影響，而記憶的能力也將會下滑，所以考試成績當然也跟著變差了。

某一次朋友告訴我一個有趣的故事。朋友見到了好久不見的高中同學們，仍然是班長、副班長這樣叫著的同時，也發現過去成績好的同學們均勻地分散在首都周邊的郊區，而對於學習毫不在意的同學們則是集中居住在首都學區。朋友說，雖然不少同學是因為有錢才住在首都，但是也有些人是以租屋的方式居住在菁華地帶，以前只知道玩樂的同學現在竟然說要讓孩子好好唸書，所以才會居住在重要學區，這真的讓他無法理解。

對於學生時期不喜歡唸書，只喜歡玩樂的朋友而言，學習是不是一種「自己無法到達的未知的世界」呢？所以才會想要藉由自己的孩子征服這個未知的世界呢？事實上，父母這一代在國中、高中時期，以成績來排列每個人的價值的習慣是更為強烈的，在這樣的過程中，成績不好的孩子也會被父母、老師瞧不起，因此衍生強烈的羞愧，那時候所感受到的剝奪感、憤怒等情緒，成為下意識中的傷痛，對於學習的恐懼感，一直藏在他們心中，他們因為不懂得學習，才會對學習感到恐懼，又希望孩子能克服這樣的恐懼，所以才希望能將孩子栽培成為學習之神，是不是這樣呢？

以下是一位不曾羨慕過他人的牙醫的故事。

在兒子四歲的時候，牙醫就在自己的診所中準備了一間書房，在自己看診的空檔及晚餐時間總會親自指導自己的兒子。孩子雖然因為遺傳到爸爸的聰明才智而擁有全校第一名的成績，但是也許是因為與朋友往來的能力不足的關係，在國中、高中時期總是被同學欺負、排擠，因為孩子太過痛苦，爸爸也認為這樣的學校倒不如就不要去了，於是讓孩子退學之後，以檢定考試通過了大學的考試，雖然不知道成績究竟有多好，但是聽說負責檢定考試的老師還親自撥了電話大力稱讚了孩子的好成績。進入明星大學的孩子，果然在大學一年級便拿到了第一名的好成績。

但是孩子在對於自己的外表開始有了自覺之後，一切的情況都改變了。爸爸雖然說外表沒有什麼好在意的，只要好好唸書就好了，為了要好好唸書，體力也絕對是必要的，所以又要孩子多吃一點。結果，成為大學生的孩子不僅身材圓滾滾，臉上也滿是痘痘。還不清楚自身社交能力不成熟的孩子，陷入了以為自己不受歡迎的原因是因為外表的錯誤思考，於是開始打聽整形手術的費用，也開始天天進出健身房，將自己的學業及學校生活擱在一旁，最終導致無法達到畢業的基本學分，爸爸要孩子直接準備司法考試，而在兩次考試都落榜之後，孩子終於開始產生了「都是因為你不聽爸爸的話，只在意自己的外表，現在終於遭到天譴了吧」的幻聽。

作為醫生爸爸的心裡，究竟隱藏著怎樣的傷痕和下意識的自卑感呢？爸爸雖然以醫生的身分獲得了成功，但是卻因為自己的個子小，從小就常常被朋友們嘲笑，唯一能控制這些朋友的機會就只有課堂時間了，「世人都是討厭的，唯一能相信的就只有我的實力」這樣的想法深深地紮根在爸爸的心中，所以才讓親愛的兒子的人生也走上了歪路。

過度學習不只會造成憂鬱、不安等心理問題，更會連帶搞壞自己的身體。高中一年級的女學生染上了帶狀泡疹，雖然接受了治療，但是病情並沒有好轉，於是轉診到精神科。父母告訴我，孩子除了每天讀書讀到很晚之外，並沒有受到其他的壓力，在我看來，女學生的父母都是溫和、不會強逼孩子的人，只是不知道過長時間的學習其實也是一種壓力，帶狀泡疹並不是青少年時期會輕易染上的疾病。

為了不要將全校第一名的寶座讓給其他人，總是不分日夜、認真唸書的女學生，夢想是要當個幼兒園老師，她的理由只有一個——因為自己一直以來唸書唸的太過辛苦，希望以後可以輕鬆地活著。對於女學生的想法，我是反對的，不僅僅是反對未來的幼兒園老師是現在的全校第一名，也反對全校第一名的孩子未來只是個幼兒園老師，這不僅是浪費時間、浪費金錢，更是人力的一種浪費。如果是未來要成為幼兒園老師的人，不應該是坐在書桌前培養自己的智力，而是應該要對這個世界擁有更多的關心，並且培養自己的感性及運動能力才是，人類的能量是有限定值的。我對於全校第一名的孩子未來成為幼兒園老師也是反對的，對於這樣的孩子，唸書就跟喝水一樣的容易，只要輕輕鬆鬆就可以做到的事情，她該怎麼去理解那些成績不好的孩子的心情呢？所以我還是反對。

二〇一一年三月，韓國翰林大學附設醫院小兒青少年精神科研究團隊發表了補習時間及憂鬱症的關聯性的研究結果，一天補習時間在四小時以下的孩子中，只有10％罹患了憂鬱症，而一天補習時間超過四小時的孩子中，則有30％具有憂鬱症的症狀。而更吸引我的是一天四小時，而不是一星期四小時。在先進國家中，放學之後的學習時間平均是一星期七小時，而台灣學生中，每周補習時數超過六小時的約占45％，我對於韓國的現實感到瞠目結舌，韓國竟然到處都是其他國家所無法找到的研究對象，以研究對象的稀有性的角度來看，根本就應該要頒發諾貝爾獎了。韓國的補習文化究竟是多麼盛行，竟然不是以周來計算，而是以天來做為分群的基準呢？

孩子們一天能集中注意力的時間，最多也不過是放學之後的三小時，對於大人而言，在職場中真正能集中投入的時間也是三小時左右而已，剩下的時間可能只是在發呆，或者只是習慣性地工作，或是喧鬧著，或者是開會罷了，就算孩子只有在學校課程時間裡集中專注力，也已經是七個小時了，就連這七小時的時間都無法好好利用，我們這不是在胡鬧嗎？

究竟是媽媽，還是業障？

兒子在國中二年級的時候，帶了一張七十五分的英語考卷回家，雖然說一直以來英語成績都很好的兒子拿到這樣的分數讓我很驚訝，但是對於這世代的英語實力，我持觀望態度。據說，在明星學校中，就算拿到九十分的高分，前面也至少還有一百名以上的學生，兒子這樣下去會不會念不了大學？這樣的擔心下，就算孩子只是在電腦前放鬆，我也會在附近走來走去，讓孩子無法好好放鬆，開始消化不良，臉上也長了疹子。

總是作為我這個心理學者的諮商師好友，在聽到這件事之後喀喀地笑了。

「欸，你國中的時候，數學還拿過七十五分呢！」

「哦？有嗎？我怎麼一點印象也沒有。」

「欸，你一定記得啦，數學老師可是到處宣揚說三年九班的班長這次數學只考七十五分呢。」

我一方面是半信半疑，另一方面是因為怎麼會有老師到處宣揚學生的成績而心情不好，繼續反駁著。

「那時候的數學老師只有兩位，前面班級的老師在數學課的時候出了考題給他們，還說會考一模一樣的考題，所以他們才會幾乎都拿滿分，只有後面班級的學生數學的平均分數不高，所以後面班級的數學老師生氣了，才會講到你的名字啦！」

這樣聽來，好像真的是發生過這麼一回事，也許是因為丟臉的關係，又也許是因為傷了我的自尊心的關係，才會下意識地忘記了這件事吧！但是，雖然說是忘記了，但是也沒有完全消失，而是存在潛意識之中，所以才會在與這個負面情緒相似的狀況下，讓我變得更加敏感了。我們會強迫子女過度學習的原因，可能是我們為了不要直接面對過去所經驗過的負面回憶所做的掙扎吧。但是，我真的一點也想不起來我的數學拿過七十五分，好友對每天與潛意識拔河、專職心理學的我這麼說了：「你只是不記得了，你的潛意識一定知道的。」

在兒子英語考試事件前大約一年前吧，兒子說了媽媽們最不想聽到的一句話，也就是「不要再去補習班」的炸彈宣言。他覺得生硬的上課時間已經讓他很累了，再想到今天也得去補習班、明天也得去補習班，這樣一來自己的人生似乎一點有趣的事情也沒有了。以心理學者的立場來看，這樣一句話就是代表著「憂鬱」的意義，雖然是非同小可的事情，但是我卻否認了事情的嚴重性，只承諾了會讓補習的時間減少，但是還是試著說服他繼續上補習班。雖然我可以在諮商室裡面盡可能地以最客觀的角度來對待面對的孩子，但是回到家裡之後，我仍然是一個普通的媽媽，認為補習班確實是最好的選擇，只要這麼下去對於未來絕對是有勝算的，如果就這麼拋棄了手中的好牌實在太可惜。但是，孩子卻不願意屈服，嘴巴翹得比誰都高。

某一天晚上，我去了一趟補習班，兒子打從小學五年級就開始上的補習班，跟記憶中一點也沒有不同，身軀漸漸變大的孩子們，坐在一個窗戶也沒有的小教室中，以略呈凹陷的眼睛讀著書，看到他們的模樣，我的心裡一陣撼動，想著：「不應該是這樣的啊！」這才好不容易妥協了。我問兒子，如果他不要再去補習班了，那麼以後自己又打算怎麼唸書呢？兒子立刻回答他會看網路上的課程，也會去圖書館唸書的。於是我以「要是沒有好好唸書，或者是成績下滑的話，就要再回去補習班」的附加條件，妥協了。

但是要獨自唸書確實不是一件容易適應的事情。兒子上網的時間比以前更長了，讓我也威脅他要把電腦丟掉，也發脾氣說他如果再這樣下去就要讓他回補習班了，但是，再怎麼想也覺得我不能夠就這麼忽略孩子的個性和喜好，逼迫他回到補習班，如果現在以強逼的方式讓他願意學習，那麼就算進了大學，他還是無法妝點自己的人生，所以現在除了讓他自己站起來之外，似乎也別無他法了。就算以最舊式的打罵方法逼迫他回到補習班，也只是暫時的假象，求安心而已，這樣下去不用一個月，這孩子的臉上又會失去光彩，眼神也會變得空洞，只是行屍走肉一般地坐在那裡罷了。於是在煩惱很久之後，最終決定將電腦移至客廳，確認兒子使用電腦時間，暫時採取監視的體制，甚至中斷了家人們看電視的時間。

用嘴巴講是很簡單，但是要讓這樣的改變成為固定的事實卻是非常困難的。不僅是女兒大力抗拒，回到家就是要以電視來放鬆心情的先生也覺得很痛苦，突然失去傍晚唯一的娛樂設施的我，也只能傻傻地望著正在唸書的兒子的後腦勺。但是，孩子會這樣沉迷在網路及影片之中，其實我也有的錯。在我準備上班的時候，跑來要我抱抱的孩子，我只是拉開他們，讓他們看動畫影片；為了要提升他們對英語的興趣，也讓他們看英語的動畫影片；為了晚上要在家裡完成帶回家的工作，又讓孩子繼續看動畫影片。現在想來真的很後悔。

就連三十多歲、成熟獨立的大人要擺脫電視都是一件困難的事情了，更何況是心智尚未成熟的孩子呢？

以小小的拼圖舉例，每一塊都非常重要，若以完成品來看，因為孩子無法好好地善用自己的時間，使成績下滑，結果卻打擊了孩子的自尊心，這才真的是在人生之中造成傷害，使人生拼圖不完整。某一天晚上，兒子說自己睡不著，難得地躺在我的身旁與我對話著，這時候他才真正敞開了心胸，兒子又遭遇了幾件自尊心受挫的事情之後，終於對父母發出了SOS訊號。

「數學真的太難了。」

加上爸爸，我們三個人聚集在一起思考著對策。

「那麼，不要像以前那樣每天去補習班，一星期去兩三次數學補習班的話，你覺得呢？」

「好！」

孩子爽快地點了頭，我們又度過了一個門檻。在那之後，孩子花了一個月的時間，四處聽考試的講座，尋找適合自己的補習班老師，他說是有實力又慈祥，還要好笑的老師。因為是自己的選擇、自己所做的決定，現在兒子偶爾也會一邊哼著歌，一邊去上補習班呢。若是只有身旁的父母內心焦急著，為了賺取補習班的費用而東奔西走，當事人倒是一副天下太平的樣子，孩子倒不一定能好好學習。有一天，女兒的書桌上放了一本名為《一天學習法》的書籍，比起媽媽的嘮叨，哥哥的故事似乎更能引起她的共鳴呢！

在兒子重回補習班三個星期之後我問了問他，他說已經唸的差不多了。

「那麼，如果要唸大學，應該怎麼辦呢？」

「嗯……首先是要家境清貧，第二個是要遭遇到逆境，接著是不要去補習班，得要自己念書。啊，還有另一個要點，就是要每天看著理想志願大學正門的照片，想著自己一定要堂堂正正地走進去。」

看看這孩子多麼理直氣壯的咧！

升學只是人生中的一個片段，但學習卻是一輩子都必須要做的事，究竟是從什麼時候開始，對我們來說，升學的意義變成是人生的全部，如果無法做到如父母所預期，那麼父母也會因為孩子的成績而身心難受，而孩子則只能接受這樣的父母。父母們會對於成績這麼執著的原因很簡單：在出社會之後，才發現學生時期的壓力根本不值得一提，而如果過去再更認真唸書一點的話，說不定現在就能夠過得更好了。就只是因為這樣的後悔罷了。

雖然父母有著這麼懇切而合理的原因，但是你們還是得認可這只是逼迫、強求孩子唸書的事實。不知道從什麼時候開始，爸媽們總是讓自己未完的「課業」成為孩子的「業障」，將自己成長過程及婚姻生活之中所累積的不足、不安的課業，試圖藉由孩子來獲得補償，但是，請你千萬記得，這麼一來，這樣的業障也可能會成為失去智慧的惡魔，無論媽媽的氣味再怎麼重要，一旦變質也將會使孩子生病的。

孩子的學習成績好或不好，並不是我人生的必然、當然、義務或權利，而是我人生的贈品罷了，雖然要轉念不容易，但是我們也只能多加練習了。專家們說：「藉由想著『我很幸福』的練習，就可以招來幸福」，感謝也是相同的，為了要在任何狀況下，都可以擁有感恩的心，至少也需要三年的練習時間，幸福也好、感謝也好，都是一種習慣。

到小學三年級為止，從小學四年級開始

雖然說學習是得做一輩子的事，但是也有必須要認真做的時期，這個分水嶺就是小學四年級的時候。大腦高度發展的時期是三歲、六歲、十歲、十四歲、十八歲，到六歲為止是感覺運動養育階段，所以並不是最適合學習的時期，而大腦第二個高度發展的時間點——十歲，在那之前，只有好好地玩耍，大腦才能正常地發育，如果在那

之前一定得讓孩子去補習班的話，也應該將目標訂在讓孩子與朋友及書本變得更親近才是。

孩子在讀幼兒園的時候，還和和氣氣的媽媽，在孩子進入國小之後，搖身一變為頑強的阿姨，就像是《糖果屋》（*Hänsel und Gretel*）之中的女巫，現實地告訴孩子，這段時間讓孩子長的胖嘟嘟的原因就是要讓孩子從現在起拼命地唸書，如果孩子抵死不從，就要把孩子煮來吃。就孩子的立場看來，小學是比幼兒園還要令人緊張的地方，一瞬間就會變得嚴厲的環境，真的稱得上是一種文化衝擊。簡單來說，孩子在這個時期，不論是身心靈都還稱不上是人，只要平安順利地往來學校跟家裡之間，就已經令人滿足了。在這個時期要求孩子要擁有好成績，或者是強迫孩子要做考前的準備，這就跟要蝌蚪快點跳起來一樣，都是不可理喻的。

在小學三年級之前，讓他們可以盡情地玩耍，讓他們做完學校的作業就好了，除了身體不舒服之外，作業是一定得要完成的。學校的作業就是孩子與社會的第一個約定，如果讓孩子扣上了「這個約定做到也好，沒做到也罷」的第一個錯誤的鈕扣，以後不論是任何的原則、規律、自制，都將無法約束孩子的。如果忽略了學校的作業，將可能導致責任感的問題。

有些知名學者會說他們小的時候，既不做學校作業，就連學校生活也是烏煙瘴氣。但是，這些人是因為他們是天才，所以無論處於怎樣的狀況，也都能好好地唸書，如果因為他們的事例就輕忽了這件事情，是絕對不行的，你的孩子是天才嗎？那麼就讓他隨心所欲吧！如果你的孩子並不是天才，你就一定要讓他完成學校作業，這是為了要讓你在老後還能夠輕鬆生活的最簡單、最容易的方法。

四年級之後，你就應該要幫助孩子讓他們能依據自己的喜好、個性，找到最適合自己的學習方法，這時候就是正式讓孩子的思考大腦發展的時期，**從十歲開始，到二十歲為止，就是人類的發育過程中，大腦發育最為巔峰的時期**，只有在這個時期集中地鍛鍊孩子的大腦，才能使孩子的大腦變得活躍，而且這個時期，孩子的性慾、攻擊性也會上升，如果無法累積書本中的知識，孩子將會無法控制追求快樂及感覺的負面刺激，也無法培養解決問題的能力。

如果孩子對於學校的課業一點興趣也沒有的話，也不能以「你這樣的傢伙連人都稱不上」的負面話語，打擊孩子對於人生的意欲。如果能讓孩子開發對於其他事物的興趣，那才是明智數百倍的選擇，就算對於學習沒有興趣的孩子而言，學校依然可以具有重大的意義，只要讓學校成為可以與朋友們見面、一起吃午餐、學習教養的場所就可以了。放學之後，在其他孩子都去補習班的時間裡，讓孩子去圖書館吧！就算只是漫畫書也好，也應該讓孩子多多讀書，或者是讓孩子用望遠鏡尋找遠方的星星，只要讓孩子可以做好自己喜歡的學習。如果連這也做不到的話，讓孩子尋找可以比媽媽做家務做的更好的方法也是不錯的，不論是任何活動，只要讓孩子認真做就行了。

如果是認真在學校唸書的孩子呢？媽媽們只要注意這唯一一件事情就可以了，也就是——要讓孩子好好睡覺。在睡眠不足的狀態下所做的學習，就像是蓋在沙子上的城堡一樣，以下就來介紹幾個充足的睡眠可以增進學習的能力的研究結果。

研究指出，睡眠不足的狀況下，攝取的營養能被好好利用的能力將只剩下原本的三分之一，大腦也無法好好利用葡萄糖，如果讓三十歲的成人，連續六天只睡四個小時的話，身體裡的部分化學物質將會像是六十歲老人的狀態，也就是說：睡眠不足會對精神機能造成損害。如果讓一群高中學生練習解題之後，第一組人讓他們安安分分地坐在椅子上，第二組人則是讓他們睡滿八小時，接下來再讓兩組人馬同時解題。第一組的學生中，只有20%可以找到簡單的解題方法，而第二組之中，則會有60%的學生可以找到簡單的解題方法。經歷了迷宮的老鼠，在睡眠之中，大腦會重現迷路的形式，雖然以神經元的活動及聲音可以得知這個狀況，但是由於重現的速度非常快，據說一個晚上可以重演非常多次。這時候如果將睡著的老鼠給吵醒，隔天再將老鼠放進前一天的迷宮裡，老鼠將會記不得逃離迷宮的路線。藉此，我們可以知道，在睡眠的時間，大腦會將當天所學習的內容進行重整。總而言之，**如果我們希望孩子在學習上有好的成果，就應該讓孩子擁有充足的睡眠**，如果還需要更多的證據，受到廣大父母們所信賴的美國太空總署NASA也曾經發表過這樣的資訊：在太空人進行訓練之後，讓他們睡上二十六分鐘，之後的執勤能力將會上升34%。

睡眠可以讓學習能力上升，也可以解決情緒上的緊張問題。有時我們所做的情節激烈的夢，其實是為了要安撫我們白天所經歷過的負面情緒，就像是雖然孩子鬧了脾氣，但是只要睡過一覺，又會像是什麼都沒發生過似地，笑瞇瞇地對我們笑著一樣。我們可以在睡眠之中擺脫負面的情緒，睡眠不足的孩子則是將應該在夢中飛舞的負面情緒傳遞給了父母。最後，為了覺得孩子睡覺的時間有點浪費的父母，在這裡要介紹可以讓孩子的大腦皮質有效率地增厚的方法，這個方法既不是書本，也不是音樂，更不是運動，而是冥想，並不是讓孩子持續執著於某件事，而是暫時全神貫注於自己的內心，這樣一來，時間就會讓大腦變得更為堅強。

好想擁有像芬蘭的孩子一樣的生活

為什麼我們會讓孩子這麼不可理喻地持續過度學習呢？當然不可能不提及這是社會及政府的錯誤。這是因為就是學校、社會在煽動這一股過度學習的熱潮。簡單來說，學習難度太高了，明明應該是降低難度，再找出更好的辨別學生能力的方法，但是卻一再提升難度，這就是社會及政府的不當作為了。但是，這才真正是高難度的問題。但是即使難解，每年六十萬名的考生，美麗的青春，就這麼枯萎了，就算只是為了國家的未來，我們也應該要盡心去解決才是，而且這個傾注心血才得出的教育方案，更應該不論執政黨是誰，有計畫、有見地持續執行下去才行。

我們應該要讓國中生、高中生變得純粹，到高中時期為止，讓他們懂得生活必須的知識及人文學的素養即可，更專門性的知識，應該要讓他們在大學時期再學習，大學的註冊學費這麼昂貴，難道不應該在那裡把本金給拿回來嗎？

如果你對於這樣的教育方式感到荒唐、不認同的話，請你聽聽芬蘭的教育方法吧。這是二〇一〇年《知識頻道e》所介紹的芬蘭教育實驗的內容，因為讓我非常感動，所以就讓我再次引用這段內容吧。

> 度過七百多年的殖民支配後，現在所必須要面對的現實就是生存，但是，芬蘭只有少少的資源、小小的土地，為了要活下去，絕對沒有任何理由可以放棄任何一個孩子的才能，於是，他們開始了讓搭乘在同一艘船上的學生，能以沒有任何一個脫隊的狀況下抵達目的地的實驗。在一九八〇年代，美國及英國開始強調競爭教育的同時，芬蘭卻反過來廢除了資優班，而在一九七一年之後，儘管政權更替，這樣的教育政策也沒有改變。
>
> 他們的理由是，對於生存而言，比起競爭，合作是更實用的方法，在學校中沒有學會合作的學生，他們所創造出來的社會會有競爭力嗎？對於他們而言，也有讓他們

可以看見自己完成了多少目標的成績單，而他們的競爭對象並不是朋友，而是自己。就這樣，在完成了九年的課程之後，他們必須面對這唯一一次的考試，而考試的目標則是沒有任何一個人會被淘汰。

「比起學習成績好的學生，我們更關注於學習成績不好的學生，而投資在學習遲緩兒童身上的預算，甚至高於一般兒童預算的1.5倍。反過來，芬蘭，我們所獲得的最終的成績單，在OECD國際學生能力評量測驗PISA中是多年連續的第一名，競爭是在成為一個優良市民之後才要做的事情。」

這是艾樂奇・阿霍（Erkki Aho）——芬蘭前國家教育局長的話。

除了學校上課時間之外，在芬蘭，每星期的學習時間是約七小時，台灣約是六至十小時，韓國則是約二十小時。

在二〇〇三年國際學生能力評價計畫中，芬蘭拿到了第一名，韓國取得了第二名，韓國教育界的相關人士笑著這麼對芬蘭教育界的相關人士說：

「呵呵，我們以極小的差異輸給了貴國。」

但是，芬蘭教育界的相關人士冷淡地回應：

「我國是以極大的幅度領先了貴國，芬蘭的學生是笑著學習的，貴國的學生難道不是哭著學習的嗎？」

OECD教育局發言人則這麼說過：

「韓國的學生確實是優秀的學生，但是，卻不是全世界最為幸福的孩子，因為他們必須要唸很多的書，競爭環境也很激烈。比起芬蘭的學生，韓國的學生的學習欲望是低的，儘管如此，他們的成績還是優秀的，為什麼呢？就是因為他們必須要競爭的緣故。」

芬蘭，這個我不曾見識過的國家，卻讓我感覺到它迷人的魅力，其原因在於——在七百年間遭受其他國家的支配，它卻沒有因此覺得自卑，反而是擁有了應該要「共生」的心念，以及就算政權交替，也沒有失去這樣的基本精神，如果不是結合了高水準的哲學及眼光、社會意識等因素，是很難達成的。

在我告訴孩子們芬蘭的教育制度之後，兒子帶著閃亮的眼神說著：「原來世界上還有那樣的國家啊？如果還有下輩子，我也想要出生在芬蘭。」我開玩笑地告訴他：

「下輩子就算了吧，現在就把你送去芬蘭吧？」他卻回答我，雖然他是很想去，但是因為不想跟家人們分開，所以要嘛就是全家一起去，不然就算了，自己就忍耐點好了。對於這樣乖巧的孩子，我們真的沒有任何為他們加油打氣的方法嗎？我們真的沒辦法像芬蘭這樣嗎？

雖然芬蘭是投資在學習能力不好的孩子身上，韓國及多數國家則是投資在學習能力好的孩子身上。真的沒有更讓人覺得空虛的事情了，過去有唸點書的人，誠實地說吧！

「你的學習能力這麼好，究竟是因為什麼原因呢？」

成績好的孩子，會認為是因為自己聰明，因為自己拼命辛苦才換來的結果，完全不會對學校或國家心懷感激。而連孩子一句感謝都聽不到的老師，究竟為什麼要這麼為他們東奔西走呢？倒不如將心思全心投入在成績不好的孩子身上，協助他們找到除了學習之外，能夠做的更好的事情，這才是正確的吧，難道不是嗎？只有這些孩子才會懂得感謝老師和國家吧。

就算我們的孩子沒有緣分可以遇上這麼優秀的老師，那麼，就算只是媽媽也好，我們也應該為孩子找到他們所擅長的事物。孩子的學習成績不好，父母的心情就如同灌了鉛一樣的沉重，但是，如果描繪想像著還要活上八十年的孩子的人生，一邊冷靜地想想，這不過就只是現在暫時的成績表現不好罷了。雖然，要接受這樣的想法不太容易，但是我們也應該要抱持著「山不轉路轉，路不轉人轉」的心態，只要沉穩地思考，一定可以找到另一條出路的。但是即便如此，總會有一段時間，每當看到孩子的時候，都會想到「就算這樣，未來的人生將會多麼辛苦呢，就連現在這樣的學習都做不好的傢伙」，甚至是想要發火吧。

但是，對於孩子感到擔心，表示孩子還是有希望的，只要將擔心的注音ㄉ去除，就會成為安心了！不要太過動盪不安，就像是在種植竹子一樣地養育我們的孩子吧。竹子在最初的四年一直是無聲無息地生長，讓人無法猜測到底會不會長大；但是過了四年之後，短短九十天之內，就可以成長到二十公尺這麼高，對於明天就會長到二十公尺高的竹子，我們不要大聲斥責他們，也不要因為他們而陷入絕望。愛迪生所遭遇的才真的可以稱得上是令人絕望的狀況呢！學校甚至還說已經沒辦法再繼續教導他了，要他乾脆放棄學習呢！但是，我們卻沒有聽說過愛迪生的媽媽去學校抓住老師的衣領，或者是因此打愛迪生的事情，愛迪生的媽媽說：「雖然你這麼看他，但是在我看來卻不是如此」，就這麼將孩子帶回家裡親自教導了。現在的這個世代，比起愛迪生活著的年代，要實現夢想的道路可是多了數萬條呢！有許多媽媽無論是遭遇到怎樣的狀況，都不會放棄自己的孩子，相信自己的孩子將成為未來的愛迪生。

和成績好的平凡孩子一起生活是無比的幸福，但是這卻不是唯一的幸福，讓我們找到可以讓媽媽、爸爸、孩子都變得無比幸福的人生道路吧！

現在的我，做的夠好嗎？

大部分發生問題的孩子，都是因爲爸媽所付出的親情不夠多，正確來說，是因爲孩子感覺到爸媽所付出的親情不夠多才導致的，就算是從現在開始也好，我們都應該要對孩子付出「親情」。

在孩子小的時候，實踐養育的333鑽石法則，一邊小心黑魔法，一邊讓孩子養成樂觀的性格。當他們再大一點，就可以在養育框架內適時地讓他們開始學習，不要接受壓力，並且看著他們找到自己的夢想，這樣一來，孩子不僅可以健康地成長，更會讓我們看到驚人的成就。這雖然聽起來像是老生常談，但是這卻是我在諮詢現場與孩子們的碰撞所獲得顯而易見的真理。但是，如果很惋惜地錯過了這個時機又該怎麼辦呢？

沒關係，沒有什麼好擔心的，也沒有什麼好捶地懊悔的，只要重新開始就可以了。只是，得多花費一些時間罷了。首先，請你做好以下三個心理準備：第一，對於幼年時期應該自爸媽身上獲得，卻沒有獲得的孩子的抱歉心情；第二，慶幸就算是現在也可以開始的肯定心情；第三雖然會多花一些時間，但是只要耐心等待一定會好轉的相信心情。

富人就算要破產也需要三年，如同這句俗諺，就算現在看似已經無法改變走上歪路的孩子，但是，孩子的身上仍然還具有驚人的能力，這是因為他們原本是價值一千億元的鑽石，這樣的價值，至少也能撐個三十年吧。只要抱持著「就算要花費三十年的時間，我也要糾正孩子錯誤的行為」的心情開始行動，只要短短三年，一定能看到孩子的情況好轉的，就算帶有一些傷痕，鑽石的價值也仍然是永遠的。只要從現在開始，提供鑽石工序中的祕密兵器——媽媽的氣味及溫度，鑽石一定能再次發出耀眼的光芒。

需要多花費一些時間的理由是，孩子在過去所經歷的缺乏感、憤怒感，所轉變形成的反抗心，會讓孩子短期間內拒絕接受媽媽的氣味及溫度。孩子雖然會以「我不想看見媽媽的臉孔」這樣的話語反抗著，但是這並不是孩子的真心，只要媽媽將原本擁有的親情加以精製，再如同讓牛奶冷卻似地真心誠意地以湯匙攪拌到適合的溫度，原本堅持的孩子也會從某一瞬間起突然嚎啕大哭，將臉孔埋在媽媽的裙襬間，到了這個時候，恢復的速度也會加快，並且迎來第二個心理上的重生。在這一章之中，就藉由叫做星星的孩子的故事，告訴大家這個令人感動的過程。

當然，最好還是不要讓孩子經歷第二個心理上的重生，所以，同樣在這一章，也會一併介紹在問題發生之前，掌握現在我做的好不好，或是孩子是不是有什麼問題的方法，就如同之後介紹的由美一家一樣，只需要五分鐘，一家人的人生都改變了。

1.解讀我的孩子的心思

孩子正在家門口等待著爸爸媽媽

有沒有任何方法可以讓我知道，現在我所選擇的養育方針，對我的孩子究竟是不是正確的方針呢？如果你也擁有這樣的煩惱，也許你也可以試試接受心理檢查的援助。近年來，不僅心理診療室唾手可及，敞開胸懷接受心理檢查的爸媽對於檢查結果也是抱持肯定的態度。

特別是對於能提供與智能水準、未來出路、職場方向等相關情報的團體智能檢查、性向檢查、出路檢查、學習能力檢查等，更是許多爸媽有興趣的類型，但是事實上，專家們所偏好的檢查類型則是以完成句子檢查為基礎，個人智能檢查、圖畫檢查、性格檢查等都是能幫助瞭解受試者現在的心理狀態的檢查類型，特別是孩子們的心理檢查結果是非常有魅力且令人感動的，孩子並不會自我防禦，反倒會讓你看見自己最單純的心思。之前已經聊過許多與句子完成檢查有關的故事，這次就來介紹所謂的圖畫檢查吧，圖畫檢查雖然只是讓受試者在圖畫紙上畫出人、樹木、家、家人等圖案的簡單檢查方式，但是透過一張圖畫，是可以讓專家看見受試者說不出的千言萬語的。

小學四年級的由美是全家每天最早起床的人，叫醒爸媽之後，還會自己準備上學用品的早熟的孩子，自動自發複習、預習功課只是最基本的，她甚至還會定期檢查冰箱內的食物，並且告訴媽媽，冰箱裡已經沒有起司了、牛奶快要沒有了，是這麼一個聰明伶俐的孩子。就算身為銀行分行長的爸爸還有身為大學講師的媽媽因為工作的關係比較晚回家，由美也會自己準備晚餐、完成功課。

事件的開始只是由美的媽媽希望孩子能接受一次心理檢查，於是將由美帶來了諮詢室，雖然在面談的過程中，屢屢在孩子臉上看到若有似無的陰影，其他倒是沒有什麼大問題，在媽媽看來，由美現在已經很好了，只是總是想知道自己還有沒有什麼能再多為由美做的。

智能檢查結果果然如預期般，由美擁有高IQ，但是卻在圖畫檢查中得到了意想不到的結果。在應該要畫下一家人的圖畫紙上，卻只畫下自己獨自一人，還是獨自坐在家門口。在一家人的圖畫之中，省略爸媽是一個很罕見的現象，於是我集中在這個部分，進行了下一個階段的檢查。

「這個孩子現在在做什麼呢？」

「在家門口等爸媽回家。」

我沒有告知由美媽媽其中的緣由，只是拿了這張作品給由美媽媽，眼眶裡泛著淚水的由美媽媽直愣愣地盯著看，她說，她不知道原來孩子心裡覺得這麼的孤單。

在那之後，由美爸媽的行為改變了，傍晚時爸媽中的其中一人必定會回家與由美一同用餐，由美媽媽也減少了授課時間，原本個性就好，也沒有什麼缺點的由美，更能安定地成長，成為追尋夢想的優秀大學生。

嚴重肚子痛超過一年時間的八歲男孩，來到大學醫院的小兒科就診，但是在接受精密檢查之後，仍然無法查明病因，只好轉診到了精神科。面談結果，除了雙薪家庭的爸媽較晚回家、無法常常陪伴孩子之外，並沒有什麼特別的問題。男孩還有一個大他四歲的姊姊，男孩也很聽姊姊的話。與男孩聊過之後，男孩也表示自己沒有什麼特別無法適應的事物，但是看到男孩低著頭的模樣，於是醫生讓男孩進行了圖畫檢查。

男孩畫了過去的開心事情。圖畫之中，一家人一同去露營，爸爸正從汽車拿下行李、媽媽正在準備食物，男孩自己則是在角落洗著米，還有，姊姊就站在圖畫的正中央，趴在草蓆上看著漫畫。我的眼神閃動了一下，乍看之下，擁有最大力量的人雖然是站在最前方的爸爸，最為脆弱的則是窩在角落的自己，但是事實上掌握最大權力的卻是其他人都在做事的時候，獨自一個人玩耍的姊姊。

我立刻這麼問了男孩。

「姊姊常常欺負你嗎？」

男孩這才吐露出了超過一年、隱藏在肚子裡的祕密，他是這麼委屈地哭著吐露這一年多的時間裡自己的不安，讓我的手腳都發抖了。在那之後，面談持續進行著，原來在爸媽下班之前，姊姊會指使男孩跑各式各樣的腿，或做各式各樣吃力的事情，如果媽媽要姊姊洗碗，姊姊也會將這件差事轉嫁到男孩身上；如果男孩反抗，或者是沒有好好完成被交代的事情，姊姊會立刻對男孩動手動腳，就算男孩想要告訴爸媽，但是由於兩人總是很忙碌，回到家都很疲倦了，所以一直也沒有機會開口。而在如果告狀了就死定了的姊姊的脅迫之下，讓男孩就算在醫院也不敢開口說出真心話。不過只是個大男孩四歲的姊姊，究竟有多麼狡猾呢？竟然可以這麼告訴弟弟：「只要你向媽媽告狀，只要我挨了罵，那麼隔天白天你就死定了」，於是，男孩無法說出口的不安及無力感，轉變為反映在身上的肚子痛。

姊姊為什麼會這麼做呢？雖然實際狀況需要姊姊接受檢查之後才能確定，但是，年僅十二歲的孩子，既得為弟弟準備餐點、還得洗碗，甚至要照顧弟弟，同樣也是遭受了極大的壓力，她只是將自己所遭受到的壓力，全部發洩在比自己還要脆弱的弟弟身上罷了。但是，能在現在知道這些事情，也算是不幸中的萬幸了，因為弟弟還小，所以就只是單方面的被姊姊欺負而已，如果再一直這樣下去，哪一天更有力量的弟弟，說不定會畫出與姊姊持刀相向的圖畫也說不定呢！

除此之外，還有孩子展開了玻璃般透明心思的無數例證。小學五年級女孩的圖畫，是全家人都穿著破爛服裝的全家福，原本以為是家中經濟狀況比較不好，後來才知道是因為媽媽喜歡往外跑，每天都打羽毛球到很晚，一個星期要參加三、四次社團活動，甚至像是住在ＫＴＶ似地，不曾好好地為孩子們準備過一頓餐。這個女孩在完成句子檢查中寫下了「我們家是泡麵之家」這樣的句子，我們家是連好好吃一頓飯都困難的泡麵之家，這樣的心理狀態在圖畫檢查中也原封不動地呈現出來了。

國中一年級的男孩畫了以刀叉吃著巨大牛排的圖畫，看到家人不在身旁，只有自己獨自帶著怒氣的表情，就可以知道男孩與家人之間的溝通狀況不佳的事實。雖然爸媽說我們家裡真的一點問題也沒有，但是孩子卻畫下了三層樓的房子，一樓是爸爸、二樓是媽媽、三樓則是住著自己，藉此我們大概也可以推敲出這一家人大概是如何生活的。

特別是在亞洲社會中，常常可以看到電視做為家庭一份子的圖畫，這是在先進國家中少有的圖畫特徵，甚至有過將電視畫的特別巨大，家人則只是火柴棒的大小的具體實例。亞洲的人們，只要回到家之後，就會立刻打開電視，電視不僅可以讓我們不覺得孤獨，也會逗我們笑，同時也是不曾反抗的朋友，亞洲的大企業對於電視也特別情有獨鍾，使得電視不只是電視，還擁有無比智慧，越來越吸引人了。既然如此，倒不如制訂一個每小時一次的「現在開始媽媽休息三十分鐘，改由電視暫時為我照看孩子」的廣播電視法，但是事實上我更希望制訂一個「在孩子完成學校的功課之後，才能開啟電視」的電器通信法。

心理測驗是孩子的自傳

既然講到了圖畫檢查，或許會有一些人認為「真的有這麼簡單的檢查方法嗎？那麼不論是誰都做的到囉？」事實上，孩子只會將這樣的圖畫畫給看起來似乎可以理解而且可以幫助解決問題的人看，並不是任何人都可以看到孩子所畫出來的圖畫，像是由美這麼善良的孩子，明明知道媽媽會因此流淚，平常怎麼可能會畫出這樣的圖畫呢？就算是在孩子們的眼裡，專家的語言和臉上表情都是不同的，所以孩子們才會願意打開心房，讓專家看見自已的內心。

在正式的心理檢查測驗之中，句子完成檢查及圖畫檢查不過只佔大約十分之一的比重，但是我沒有提到其他的檢查方法的原因是，如果心理檢查的方法透過網路四處散布，受試者可能會囫圇吞棗地接納那些沒有進行心理檢查資格的人的錯誤意見。治療應該要交給醫生、藥物處方應該要交給藥師，還有，心理檢查就應該要交給臨床心理醫師，才能獲得最好的效果。

比起好好接受專家所進行的心理檢查，更重要的是在接受檢查之後的過程，如果沒有抱持著在心理檢查中發現了問題就要大幅改變的覺悟，那麼接受心理檢查，不過只是招致混亂的行為罷了。

這樣看來，先前提過的由美媽媽真可稱得上是優質的媽媽了，由美媽媽因為擔心由美的身上發生了還沒有顯露在外的某種問題，因而讓由美接受了心理檢查，而在得知檢查結果之後，也立刻糾正了自己的行為，因為孩子的一張圖畫而反省了自己的問題，由美媽媽真的稱得上是擁有堅強內功，也是有著強烈勇氣的人。在心理治療的層面來看，最優秀的當事者是能因為她人的忠告而解決問題的人，由美媽媽只是藉由由美的一張圖畫將這件事情告訴我們罷了。

但是，這麼優秀的爸媽確實是少之又少的。無論專家拿著圖畫再怎麼口沫橫飛地解釋，卻依然抱持著「光是憑這麼一張圖畫怎麼能說出這樣的大話？我們已經進了我們最大的努力，你真的是專家沒錯吧？」等等的抗拒，在經過漫長時間的說服工作之後，這類型的爸媽才會勉勉強強地聽進去。再好一點點的爸媽則是：「你所說的問題我也約略察覺到了一點，那麼請你幫我治療孩子吧」，這樣的爸媽則是沒有意識到自己應該要做的改變，只是因為自己已經付了診療費用，催促著專家應該要趕快做出相對應的行為。

每天都能感受到心理檢查的威力的我，對於要讓自己的孩子接受心理檢查一事也是極為害怕的，雖然我沒有勇氣親自對孩子進行心理檢查，但是在兒子大約小學三年級的時候，偶然看見了兒子的圖畫作品。圖畫中的兒子、女兒和我一起走在彩虹之中，但是畫作中卻看不到爸爸。圖畫中沒有爸爸的原因，通常是因為爸爸沒有常常陪伴在孩子的身旁，或者是因為孩子對於爸爸擁有某種負面情感，又或者是因為爸爸在家中的存在感相當薄弱等原因。如果是第一種狀況，就是先生必須要解決的問題，但如果是第二或第三種狀況的話，就讓我有點難過了。在那段時期，因為我和先生正處於激烈的夫妻爭執之中，先生確實比較不常待在家中，專長心理檢查的我，在看見兒子的圖畫之後，只能咬緊牙根忍耐下來了。不過在幾年之後，爸爸再次回到兒子的圖畫之中，而且比起總是嘮嘮叨叨的媽媽，甚至是與兒子更為靠近的存在，**圖畫中人與**

人之間的距離，就是現實中心與心的距離，對於現在已經是國中生的兒子而言，自己與爸爸之間的關係已經轉變為都是男人的一致感，因此兩人之間的親密感也上升了。

為了不願意接受心理檢查的讀者，這次讓我介紹另一個能夠讀取孩子心思的方法。

首先是讓孩子試圖進行某一件事，但是在遇到孩子突然開始身體不適，或者是孩子的臉色開始變得不好、睡覺的時候突然大聲尖叫，又或者是不願意好好吃飯，又不願意好好直視媽媽的眼睛，在這些狀況下，就應該要立刻讓孩子停下這一件事。孩子這些行為，都表示這一件事是不適合的。

其次是當孩子以堅定的語氣說出「不要」的時候，就不應該再強逼孩子繼續這一件事。就算是有名的英語補習班，如果孩子不願意去上課，那麼暫且還是先不要讓孩子去上課會比較好。**世界上並不存在不願意聽從媽媽的話的孩子，只是對於媽媽還沒來得及感覺到的自己的恐懼，他們搶先察覺到了自己的畏懼，並且搶先開口拒絕罷了。**相反地，如果讓孩子試圖進行某一件事，孩子能好好地適應，那麼你也可以將這件事看待為孩子的優勢，也表示這件事滿適合孩子的，有些孩子很喜歡英語補習班，甚至每天都在等待可以去英語補習班的時間，但是如果我們的孩子不是這一塊料，我們就應該要立即停止。但是，這代表絕對不要讓討厭英語的孩子學習英語嗎？只要在六個月或一年後再重新挑戰就可以了。如果還是不行，那麼就在一年之後再試圖挑戰吧。雖然說越早開始英語學習，孩子的英語發音就會更加正確，但是如果讓擺明著討厭英語的孩子去上英語補習班，孩子對於英語學習的信心及動機都會消失的，就算英語發音不正確，孩子也能找到自己生存的一條路，但是失去自信的孩子，無論在哪一條人生道路上都會受挫的。

從小學時期就一直被欺負排擠的孩子，雖然成了大學生，卻還總是小心翼翼地行動，爸爸為了要讓孩子擁有堅強的心智，於是要求孩子要志願參加海軍陸戰隊，不過，最終的結果當然並沒有如爸爸的意。過度嚴格的海軍陸戰隊的氣氛，對兒子成為了毒藥，無法承擔壓迫式的氣氛的兒子，最終因為毆打上級長官，而被迫退伍，面對退伍後什麼也不做，只是窩在家中的兒子，爸爸一句「蟲一樣的傢伙」，氣憤不過的兒子動手毆打了爸爸，最後被強制送進精神科。從小就被欺負排擠的孩子，在成為大學生的時候，也是可以解除自己被排擠的詛咒的時機，是因為爸爸強逼孩子進入海軍陸戰隊，才讓狀況變得更為惡化的主要原因。

如果爸媽確實地掌握孩子的狀態，也可以針對孩子採取更為賢明的措施，對於內心比較脆弱的孩子，比起硬要他們做些什麼，倒不如讓他們在可以獲得支持的環境之中，從一些簡單的事物開始挑戰，讓他們可以一點一點地擁有對自己的自信心；而對於比較堅強的孩子，爸媽則是應該一邊對他們說明堅強的優點，同時也讓他們慢慢學習什麼是共存、什麼是關懷。孩子的行為及模樣，是他們為了對抗世界帶給他們的壓力所築起的城堡，如果我們強行破壞了他們的城堡，強迫他們要做一百八十度的轉變，在孩子的身上勢必會看到副作用的產生。

雖然心理檢查無法告知各位的養育方針到底是不是完全正確的，但是，我仍然在此真心地建議爸媽可以進行一次這樣的檢查。簡單的檢查將可能改變你與孩子的人生。所謂的心理檢查，其實就像是在馬拉松大賽之中，請醫生評估選手的身體狀態一樣，如果有任何不適，就應該在進行治療之後再繼續奔跑。當然，如果這樣的心理檢查被有心人濫用的話，也是會發生問題的。

在校成績極為良好的國中二年級女同學，比起一年級的時候成績大幅下滑，而且還開始會向爸媽頂嘴，某一天，她鎖上了自己的房門，怎麼也不肯出來，於是房門也被爸爸給拆了。在接受心理檢查之中，發現除了因為成績的壓力造成的一些些憂鬱症的症狀之外，其他並沒有找到什麼嚴重的問題。在我告知女同學的爸媽檢查結果時，她的爸媽卻這麼回答我：「這是當然的結果，我們只是為了讓孩子受到衝擊才將她帶來的。」

這對爸媽，面對成績下滑而難過的孩子，不僅沒有真心安慰孩子，甚至不知道自己將孩子帶來醫院是一個更有衝擊性的行為。

來接受心理檢查的孩子之中，許多孩子會這麼說：「小的時候爸爸從來沒有牽過我的手，而媽媽也從來沒有溫暖地抱抱我。」聽見我的轉述之後，他們的爸媽會一邊口沫橫飛地辯明說：「怎麼可能，這只是孩子不記得了」，一邊又興奮地像是要立刻去告發我們是庸醫——孩子的這番話，當然不會是事實，怎麼會有任何的爸媽不曾牽過自己子女的手呢？**心理檢查並不是案件實況報導，只是對於現在孩子是怎麼看待自己爸媽的一面鏡子**，孩子是非常有良心的，就算是自己曾經埋怨過的爸媽，只要彼此的關係再次變得親近，一定會這麼說：「雖然小時候媽媽不曾抱過我，但是我還是很愛媽媽。」雖然，閱讀孩子的自傳是令人感到恐懼的行為，但是，孩子的自傳中隱藏著許多珍貴的寶物，如果能早挖掘出這些珍貴的寶物，我們就能更早為孩子描繪出更大的養育藍圖。

另外我也希望輿論及媒體，可以不要讓像是這麼重要的自傳的心理檢查淪落成為生活軼事的一小節。

2. 絕對沒有遲來的親情

現在，就從這裡重新開始

當孩子的成長不如預期的時候，在孩子身上看見出乎意料的問題點的時候，爸媽會感到非常慌張、非常悲傷、非常憤怒。在學校聽見要讓孩子去精神科接受診斷的話的時候、接到來自警察局的電話的時候、在孩子朋友的媽媽來到家裡的時候，真的就是天崩地裂的狀況了。「我明明已經盡我的全力了，為什麼還會發生這樣的事情呢？」雖然不樂意，卻還是帶孩子去了精神科，也進行了該做的心理檢查，只聽見「到現在為止做過了什麼？怎麼會將孩子養成這番田地」的爸媽，會安慰他們的人一個也沒有。

在狂風暴雨之後，從現在開始就不要再哭了，這時候我們應該要重新思索我們的生活，如果孩子正往錯誤的方向前進，首先我們要做的就是掌握孩子現在能做什麼。想像孩子才剛剛來到這個世界，能不能行走？能不能進食？能不能閱讀？這些都是我們應該要再次思考的。

假設我的孩子在學校被排擠，現在孩子的狀況是怎麼樣的呢？應該不能在學校餐廳用餐了吧？那麼，就應該立刻去見校長，要求要將孩子帶回家吃完午餐再送回學校，如果校長認為這件事並沒有前例而不允許的話，那麼就應該請求校長讓孩子在校長室用餐，只要真心、持續呼訴，無論如何，學校方面總會找出解決之道的。

如果有任何做不到的狀況，就應該立刻停下所有進行中的事，因為這是孩子無法持續忍受的事情。如果孩子的狀況已經到了無法繼續上學的嚴重狀態，就應該要為孩子請病假，並且在孩子的身旁好好照料才是；如果孩子說很害怕在上、下學的路上遇到同學，那麼直到問題解決為止，就算孩子已經是高中生了，爸媽還是應該要陪同他上、下學；如果連這一點也做不到的話，也可以先讓孩子休學，直到身體養好，再復學也是可以的。不論狀況已經惡化到什麼程度，爸媽都不應該感到害怕，從現在孩子能做的事情再次開始，看著與眾不同的孩子和世人的眼光當然是可怕的，也是令人覺得沉重的，但是，我們仍然應該要將這一切放下，只是將心力全新灌注在孩子的身上才行。

大部分發生問題的孩子，都是因為爸媽所付出的親情不夠多，正確來說，是因為孩子感覺到爸媽所付出的親情不夠多。從現在開始，我們都應該好好地對孩子付出親情。親情是不會太遲的，如果一直以來持續都對孩子付出了親情，那麼從現在起就應該要更有智慧地對孩子付出親情，在專家協助下我們也能更輕鬆、有智慧地對孩子付出親情。在諮商室待久了，我也曾經見識過因為親情所誘發出的驚人奇蹟。

在國中畢業之後就斷了音訊的朋友恩伊來了通電話，似乎是現在就讀國中三年級的兒子身上發生了什麼問題，在大學醫院的精神科接受診療後，被醫生認為兒子身上有自閉症的症狀，因而開始了藥物治療。恩伊好奇自己的作法究竟正不正確，又正好聽說我就職於精神科，所以才打了這通電話。於是我請住在鄉下的朋友，帶著心理檢查結果，和兒子一起來一趟諮商室。

叫做星星的孩子，雖然臉蛋長的清秀，眼神卻極為不安定，口中也只是一直叨念著「星際奇兵（star gate）、黑洞、地球的滅亡」等幾個詞彙，乍看之下就知道孩子有著自閉症徵狀，而心理檢查的結果也是自閉症當中的一種——亞斯伯格症候群（Asperger syndrome），亞斯伯格症候群的患者，雖然和自閉症患者一樣，在社交能力上有著障礙，但是卻保存了正常的語言能力，而星星的智商也高達一一八。

國中時期的恩伊不僅功課好，長的又漂亮，個性堅強的她，這麼久不見了，在她的臉上我大概可以揣測她的人生中所遭遇到的無數曲折。結婚之後，生下了星星的恩伊，因為先生的外遇及暴力行為，讓她無法擁有正常的生活，恩伊對先生的怨懟似乎也轉嫁到了星星的身上，除了會打孩子，為了讓他人留下良好的印象，總是持續地為孩子洗澡，如果地板上掉了一根頭髮，也會驚聲尖叫；於是，孩子開始不敢與媽媽眼神對視，也總是悄悄地躲到偏僻的角落，開始出現了一些異常的行為。但是，在先生已經離家出走的狀態下，痛苦地只覺得整個世界都與自己對立的恩伊，也不曾好好地正視自己的孩子。大約是星星八歲的時候，更雪上加霜的是，恩伊被診斷罹患了乳癌，再加上自己嚴重的憂鬱症，沒有自信能繼續照顧孩子的恩伊，只好將星星託付給了先生。這時候恩伊的想法是，也許送走孩子之後，自己就要死了，至少擁有正常工作的先生，星星未來的人生也都不會有太大的問題。

在帶走星星之後的前二、三年，爸爸對於星星是有足夠的關心的，但是爸爸卻不讓有奇怪行為的兒子去醫院檢查，只是想要以自己的力量讓孩子恢復正常，他認為男孩子應該要更為強悍，因而讓孩子去學習跆拳道，但是也要求孩子應該要拿到第一名，而總是逼迫孩子熬夜念書，或者是強逼孩子參加大大小小的各種競賽。雖然在爸爸的堅持下，星星的認知機能持續地發達，但是卻因為過度的體罰，讓星星對世界充滿了不信任，嘴邊掛著髒話或自言自語的症狀也益發變得嚴重了。而在爸爸再婚之後，將兒子託付給奶奶之後，星星更是完全關閉了自己的心門。

對於不知變通的星星而言，反覆無常的奶奶是自己完全無法理解的生物，雖然奶奶總是說星星是個可憐的傢伙，也好好地照顧了星星的日常生活，但是只要奶奶的心情不好，就會大聲斥責星星是個傻瓜，也會動不動就舉起棍子。在家裡這麼崩壞的時間點，星星的學校生活也一樣是亂七八糟的狀態，每天在學校總是挨罵、挨打的星星，為了要對抗這些欺負他的同學甚至亮出了隨身攜帶的刀子。在奶奶過世之後，葬禮上理智的小叔看見口中一邊念著「爸爸應該也死一死好了」，一邊打破了玻璃窗的星星，在多方打聽之後，找回了星星的媽媽。

恩伊在接受手術拿掉了乳房之後，雖然只是帶著衰弱的身體湊合著生活，但是在聽見小叔的話之後，一秒也沒有猶豫地就將星星帶回自己的身旁。

雖然恩伊在敘述自己所遭遇的事情時，時不時會流下眼淚，但是還是下定決心要從現在起自己好好照顧自己的兒子，她說這是自己沒有死去的唯一理由，又再次讓我看到她過去剛強、堅毅的模樣。

在星星的身上，不僅可以看到自閉症的症狀，暴力性及衝動性的指數也偏高，因此需要接受藥物的治療，值得慶幸的是星星喜歡自己的主治醫生，所以非常聽主治醫生的指示。我告訴恩伊她已經做得很好了，而且星星很聰明，所以治療的效果相對也會是好的。唯一需要注意的是，雖然星星很聰明，但是他的心智年齡大概只有五歲的程度，所以她必須要做好「再次養育一個孩子」的心理準備，那時候，恩伊的眼神雖然閃爍了一下，但是立刻，她又回復到原本平靜的狀態。

星星在接受治療之後，狀況急速地好轉了，但是星星得達成的目標是，降低暴力性指數，還有好好地從學校畢業。究竟星星需要花費多少時間才能擁有正常的社會生活？未來的星星又會是怎麼樣的？這些都是現在無法預期的。

對不起、謝謝你、我愛你

恩伊選擇百分之百相信專家給自己的建議，主治醫生如果說需要進行藥物治療，就讓孩子吃藥，如果說要暫時觀察孩子的狀況，也會就暫時不進行任何動作。在我聽說星星不知道是不是因為過去的記憶，總是與媽媽保持著距離的事情的時候，我建議她在每次看到星星的時候，盡可能地多多告訴他「對不起、謝謝你、我愛你」的咒語，她也就這麼照做了。她半開玩笑地告訴我，反正專家朋友應該也不會對自己胡說八道，而且說幾句話也不花費一毛錢，所以也就照單全收了。就算是不太容易的方法，她也是堅定地一一執行了。一開始她常常因為自責而流淚，連話都說不好，但恩伊也漸漸鎮定下來後，「兒子啊，對你放置不管真的對不起」、「就算只有一點點，能夠長這麼大，真的謝謝你」，還有，「我愛你」這些話，一天對兒子複誦了幾百次，就算只是在心裡的低語，她說，星星看待她的眼神也更加溫暖了。

事實上，這個治療方針是來自夏威夷的傳統治療方法，據說光是背誦「對不起、謝謝你、我愛你」的咒語，就已經有無數的人們被治癒，當然，光以這樣的咒語無法完全治療心裡的疾病，但是可以提升疾病治療的效果絕對是足以肯定的，一天背誦數百次「我愛你」咒語的媽媽，她的臉上一定會出現與過去不同的親情的氣息，而這樣的氣息則是可以讓孩子的心也隨著安定下來。星星在這十四年之間不曾聽過的這句話，也就是因為這樣，星星才會生病吧。

只要能讓孩子好轉，就算只是稻草也會牢牢抓緊的爸媽的堅決意志，正是決定孩子的問題能不能解決的重要要素。

有一位怒氣沖沖、眼神帶著殺氣的三十多歲女性，帶著國中一年級的兒子來進行諮商。身材健壯的媽媽，對於兒子無止盡的反抗行為，特別是動不動就欺負弟弟的行為，每天總會對兒子無數次的拳打腳踢，她說她不知道自己該怎麼教育孩子，於是為了要找到好方法才來訪的。媽媽興奮地想要告訴我自己孩子究竟有多麼糟糕，反倒只是讓我確知她的愚鈍罷了。

在進行心理諮商的過程中，難以溝通的對象之中，其中一種類型是會對孩子直接動手的爸媽，再加上來到精神科諮商的爸媽或多或少都想要隱藏自己的錯誤，這位媽媽則是表現出「我就是這樣的人，如果你敢動我你就死定了。」究竟有多麼地自以為是，就連身為媽媽的我都無法接受。聽著這位媽媽的話，我皺著眉頭打斷了她：「知道更多也沒有意義，請你立刻收斂自己的行為吧！」反倒是這位媽媽固執地回答了：「為什麼也不聽我說的話，就直接叫我收斂一點呢？這孩子除了這個方法之外沒辦法控制啊！」在一陣沉默之後，我不由分說地對這位媽媽說，希望她可以一邊想著孩子，一邊複誦「對不起、謝謝你、我愛你」的咒語，但是這位媽媽仍然頑強地抵抗著，暴跳如雷地說：「我可是聽說你很有名才特別來這一趟的，原來這裡只是這樣的地方」。

「您可能是不知道我們孩子平常究竟有多麼糟糕才會這麼說，如果您直接看到他的行為，您一定也無法對著他說出『我愛你』，我如果對弟弟笑一笑，或者是拍拍弟弟的肩膀，他就會將弟弟推到牆邊，抓著弟弟的領口，不然就是把餐桌上的食物全都掃到地上，把家裡搞的烏煙瘴氣的，完全就是管不動啊！」

我也不是沒有想到媽媽會這麼回我，於是更加強勢地這麼告訴她：

「如果媽媽你目擊了先生更加珍惜其他女人的場面，你又會如何呢？難道不會鬧得比兒子更大嗎？」

突然之間，媽媽開始哭了，在哭了大約三十分鐘之後，才說出自己正經歷先生外遇，可能就要離婚的狀況下，自己曾經在與先生爭執過程中，一肚子火而翻了餐桌，兒子大概就是從自己身上學來的，自言自語地說出了一切。「您又是怎麼知道的呢？」「我就是因為神機妙算才會這麼出名的吧！」在我生硬地這麼回覆之後，媽媽才笑開了。

面對已經找回平靜的媽媽，我又再次要她背誦愛的咒語，不知道是不是心灰意冷的關係，這回倒是乖乖地照做了，然後一句一句慢慢地開了口，又開始哭了，但是這次不再是剛剛冰冷又銳利的眼淚，而是溫暖帶著懺悔的眼淚，還有臉上的憤怒和眼裡的殺氣也慢慢消失了。

「這是因為兒子無法忍受比起自己，媽媽更愛弟弟的緣故，只有在他能充分感受到媽媽對自己的愛，也才不會繼續怨恨弟弟，也不會再繼續反抗了。雖然剛剛您是勉強說出那幾句話的，但是在真正開口之後，是不是也知道您還是很愛您兒子的呢？」

媽媽點了點頭，並且向我承諾絕對不會再打兒子，也會和兒子一起找出解決問題的方法，還說自己是因為對先生的行為感到憤怒，才會把一切火氣發洩在比自己更軟弱的兒子身上，所以也一定會和先生一起接受治療。媽媽能夠對孩子無數次地拳打腳踢，這都是因為現在自己的力量還比孩子更大的關係，如果再這麼下去，可能會演變成被先生拋棄，甚至被兒子狠狠抓住衣領的慘況了。

到現在為止，要前來諮商的當事人試著背誦這句咒語的經驗應該還不超過二十次，不過，比起說這句話是咒語，倒不如說是「全世界最短的禱告文」可能還更為貼切。如果要當事人開口說出這句禱告文，大部分的當事人一開始都會抗拒地說自己做不到，如果繼續要求，那麼他們也會不得不地開口，然後實際開口之後，大部分的人都會流下眼淚，可以看出來他們的心口也因為這句禱告文而溫熱了。這是因為光是要開口說出這句話，就需要巨大的心靈力量。現在，就請你想想你所怨恨的某個人，同時開口背誦這句祈禱文吧，不發出聲音也沒關係，但，就算只是在心中默念也做不太到吧？

「對……對不起？為什麼？明明應該要道歉的人就是你，我愛……我瘋了嗎？像你這樣的東西？謝……要我死也做不到，應該是你要對我心懷感激吧……」

抱持著這樣的心態下，當然是一句話也說不出口了，但是如果克服了內心痛苦的過程，在向著對方開口的那一瞬間，所有的當事人的臉上都似乎發出了光芒，雖然不知道是因為什麼而讓臉上發出光芒，但是這確實是一個正面的改變，所以我也一直努力盡可能地每天多次背誦的這句祈禱文。但是因為忙碌的生活，也常常會有一次也沒有背誦到就已經匆匆流逝的日子。有次傍晚在廁所裡突然想了起來，就坐在馬桶上一邊自言自語著，沒想到廁所的門突然被打開，女兒這麼告訴我：

「媽媽，心情這麼好嗎？還是今天中了彩券嗎？」

成為能夠獨自發光發亮的星星

再次回到星星的故事。雖然說恩伊完全相信專家的判斷，也一一遵循著專家的指示，但是在專家不在身旁的時間，就是她自己獨自孤單、孤獨的時間，然而跨越死亡的門檻、徹底打起精神的恩伊並沒有回頭，並且一一戰勝了困難。

到了新學期，恩伊一一找到了星星的老師們，告訴他們，星星雖然有自閉症的症狀，但是現在正在好好接受治療，請老師們好好地照顧星星。儘管如此，某一天，她竟然在星星的後頸發現了莫名的紅腫，並且得知了只要星星的打掃工作或是課堂準備不夠充分的話，星星的級任導師就會對星星體罰的事實。隔天，恩伊立刻殺到了學校，首先是要求星星的級任導師必須要向星星道歉，級任老師的臉色拉了下來，恩伊毫不遲疑地就走向校長室，雖然不知道恩伊在校長室究竟是多麼大聲的喧鬧，但是據說是到了全校老師都湧向校長室的狀況，辜負了爸媽誠懇地拜託，也沒有好好指導弱勢學生，星星的級任老師確實是沒有辯白的餘地，又看到恩伊拿著話筒說要打電話到教育部，校長最終還是將星星的級任老師找來，並且要求要誠懇地對星星和恩伊道歉。這是星星人生中的第一次，有人對自己說了：「是我的錯，真的對不起」。

在這個事件之後，星星對媽媽終於完全敞開了心扉，真正站在自己這一邊，和過去爸爸和奶奶不同，全心全意地相信自己，而且願意為自己解決重重難關的媽媽，是星星可以真心依賴的人。

在打開了星星的心房之後，恩伊更加積極地要走向星星，在星星遵守了約定，也完全負起責任的時候，總是會毫無保留地稱讚星星，而在星星做錯事的時候，也不會因為他是病人就完全包庇他，而是適時地將自己當時的心情真心地表達出來。因為星星威脅要把老師的車給炸飛，而被叫到學校的那一天，恩伊告訴星星自己的失望；面對跟著其他同學一起欺負小兒麻痺同學的時候，恩伊也拉高聲音說他是個讓自己丟臉的孩子。在家裡的時候，總是會告訴星星，自己知道他是全世界最可憐的人，但是也要求他必須知道世界上還有其他比他更可憐的人，所以讓星星去參加義工活動，因為有了會指責自己不是的媽媽，星星學會了思考，某一天竟然在夢裡與爸爸握手和解了，天啊！星星竟然做了和爸爸媽媽一起開心玩耍的夢呢。

恩伊徹底地把握了星星現實上做得到及做不到的事情，雖然因為星星搭巴士會搭過頭，所以在去醫院的時候媽媽總是得陪同前往，但是早上星星已經可以自己起床，不廢話地自己收拾書包用品後，自己去上學。另外也因為學習跆拳道的緣故，體力也變好了。在高中入學之後，班上同學都只專注在課業上，減少了對同學的關心，這樣反倒是讓星星可以喘一口氣，也可以更加自由地享受自己的校園生活，也可以更加熱衷於埋頭在自己喜愛的事物上。

從小就喜歡《三國志》漫畫的星星，最喜歡的就是國文課程的時間，恩伊並沒有錯過這一點，一有空就督促星星對於中文及英語的學習，所以也讓星星在這兩個科目上擁有中上以上的實力。雖然一個月總會有一、兩次與朋友之間的摩擦，也總會發生與老師們之間的不順遂，恩伊和星星距離安定正常的生活似乎還有一點點的距離，但是，現在只要三個月來看診一次，也不需要繼續進行藥物治療，星星的自閉症症狀好轉很多了。

高中一年級下學期，星星的中文成績拿到了全班第一名，擁有自信的恩伊訂下了要讓星星就讀專門大學的中文系的目標。不過，娘家的家人們對於恩伊的想法卻是非常反對的，他們認為要讓星星去參加對於平凡的學生都很困難的大學入學考試，只是讓星星白白受苦罷了，不過恩伊還是覺得，如果是因為星星的實力不夠好，那麼她覺得放棄也就算了，但是星星是有可能成功的，可以讓星星擁有目標意識，那麼就能讓星星熱情地向人生邁進，而且，在這個時期，如果也不讓孩子念書，那又應該讓孩子做什麼呢？難不成讓孩子一直玩電玩嗎？所以她自己無論如何都會為星星準備大學入學的學費的。

然後，恩伊的臆測是正確的，她向星星提及了大學的事情，星星不可置信地開心的說：

「我真的做得到嗎？」

「當然是會很困難的吧，四年制的大學是很難考上的。但是既然星星你的中文實力這麼好，我們就先以專門大學的中文系作為目標吧。」

而且恩伊也告訴星星，他的頭腦其實是很聰明的這個事實。

恩伊的第二個想法也是正確的，得知自己其實很聰明的事實的星星，吃驚、喜悅的心情交錯下，還是欣然接受了媽媽的提議。

兩年後，星星堂堂正正地成為首都地區某專門大學的中文系新生，恩伊就像是在準備入學考試的星星一樣，將難懂的大學入學簡章劃滿底線，一邊研讀，一邊尋找星星可以應考的學校，也為了星星預測了面試時可能會遭遇到的問題，與星星一同進行了無數次的練習，儘管如此，恩伊還是很擔心星星會在面試時突然冒出什麼讓人意想不到的話，但是卻在第二次的挑戰下，看見了光芒。哇！那一天的感動和喜悅真的是令人難以想像！

雖然放榜的當時，人還在工作的我無法放聲尖叫，但是如果說在那之後的一個月，我和恩伊幾乎每天電話中都在聊這件事，就可以想像到這對我們來說是一個多麼戲劇性的事情。這真的是一場奇蹟。恩伊拿出原先準備要給星星結婚的錢，為星星繳了學費，雖然在繳完學費之後，工作也突然沒了，但是恩伊反倒是藉此機會，舉家搬遷到距離星星的學校比較近的社區，一邊從事著家教、補習班老師、超市收銀員、藥局的掛號人員等工作，一邊維持生計。

在那之後，奇蹟又再次發生了，在跨越了人生一個重要關口之後的星星，在大學一年級上學期的期中考之中，拿到了系上的第一名，真是令人難以相信的奇蹟，星星竟然拿到了獎學金，給與媽媽生活上的幫助呢！恩伊還笑著告訴我，「因為大學之中各色各樣的學生很多，反倒讓星星變得比較不起眼了」。

但是真正值得高興的事情發生在那之後，在暑假的時候，為了培養和媽媽一起來玩的星星對於社會的適應能力，於是我對星星出了一道課題，要他在觀光景點附近的尋找幾間住得下五、六人的乾淨民宿，並且請他幫我要到民宿的電話。雖然星星是欣然地答應了，但是實際上投入工作之後，到比較遠的地方親自判斷民宿是不是乾淨的花費了一星期的時間，想好有什麼話是可以說的也花費了一星期的時間，最後鼓起勇氣打電話詢問又花費了一星期的時間。

但是光是聽到這些話我就覺得很欣慰了，但是另一方面又覺得自己好像只是讓星星白白受苦，才想說要讓他別再找了，結果入秋之後，星星的電話來了。

「醫生，您最近還有要去度假嗎？我替您找住宿吧！」

天啊！我的讚嘆真的是不自覺地一直冒出來。在我遇過的自閉症孩子之中，因為頭腦聰明而就讀大學的孩子多少也有一些，但是他們的社會性能力不夠發達，多少會有一些難以擁有正常社會生活的問題，但是星星卻自動自發地想要幫助他人，在學校附近遇到四處徘徊的外國人，先行一步伸出援手；而在系上去露營的時候，也從頭到尾協助了系上因為小兒麻痺而身體不方便的同學。如果我不知道星星的過去，我只會認為他是一個比一般年輕人還要更親切、溫暖的年輕人吧。

雖然恩伊在外表上看起來依然泰然、淡薄，但是在星星成長過程中究竟花費了多少心思，在收到星星考上大學的通知書的一星期之後，竟然因為嚴重的子宮出血而住了院，看來是這段時日裡累積的所有緊張一次反映在她的身體上了吧。

只要能打開親情的水閘，就能引發奇蹟

無論是什麼時候，只要下定決心要對孩子付出親情，都不會太遲。星星小的時候不曾感受到的幸福，但是，在遲到的親情的幫助下，星星也重新獲得了幸福，星星媽媽在首次衝進校長室的那一瞬間，就一併毀壞了星星心中一道道怨懟、憤怒、混亂感、無力感的牆，與爸爸不同，在專家的協助之下，找到了正確的方下的媽媽，以與過去截然不同的面貌，一夫當關地橫掃了這個世界，在這樣的過程中，星星並沒有吃到太多的苦頭，這才是孩子在小時候應該要接受到的爸媽的保護。更何況，媽媽讓對自己無理的人，向自己認錯了，也更讓星星找回了自信心。爸爸雖然是以逼迫的方式要求自己要拿到第一名，媽媽卻只要一點一點地向自己能做到的方向進行，於是星星也沒有遭受到任何壓力，不僅僅如此，從會對自己微笑，也給予自己信任的目光的媽媽的身上，星星又再次感受到對這個世界的愛。

只要水閘打開，親情就能帶來奇蹟，在這十四年間，以憤怒及同仇敵愾的心情緊緊關上的心房，僅僅四年內就完全地打開了，雖然星星在他人眼裡還是有些與眾不

同，但是他卻還是成長為一個健康的青年，也推翻了我所提出「付出親情以治療心理傷痕的時間，勢必是心痛時間的二、三倍」的理論，沒有放棄，但是也不過度期待，只要為了比昨天好上1%的今天，付出親情、努力，星星媽媽在令人驚訝的短時間內，就解決了孩子的問題。

星星的案例可以更加觸動人心的理由在於另一個與星星年齡相仿的孩子的故事。這個孩子就讀了菁華地區的國中、高中，成績一直是名列全校第一名的好成績，但是在大學入入學考試之時，拿到比平常還低的分數，結果考上了在爸媽事前計畫之中不曾想過的地方大學。在各種支援之下，這個女孩所度過的華麗又高格調的時間，以及一直輾轉各處、被周遭的人所欺負的星星所度過的缺乏又混亂的時間，真的是無法相互比較的天壤之別，但是，星星媽媽卻只花了四年的時間，就讓星星站上了與其他孩子相同的頂點了。

但是，我還是不想說出「星星贏了」這樣的話。星星是再次開始了，到了與高中時期完全無法相提並論的多元、複雜的社會狀況之中，只有好好地克服了這一切，也才會有另一個世界在等待著他。但是，在我看來，就像是已經跨越的那個巨大無比的牆一樣，星星也能輕鬆地度過的。

因為孩子發生了問題，而來院進行諮詢的爸媽，就算一開始願意好好地遵循治療方針，但是只要過了三、四個月，他們就會漸漸感到焦躁，等到六個月、一年後，更會發火地說：「為什麼到現在都還沒有痊癒？」結論是很簡單的，因為孩子並沒有想要痊癒的心，孩子到成為現在這個模樣之前，已經被這個世界壓迫了太久、太重，所以心中的傷痕無法快速地痊癒。面對這些爸媽，我也想問問他們，是不是曾經像星星媽媽一樣嘗試過？放空心思，只是盡力地做到自己該做的，然後，就只是等候。人生似乎真的是有困難總量的法則，如果面臨困難，只知道發脾氣、哭泣、甚至是迴避，那麼遭遇困難的時間只會增長，一天也好，越早毅然地接納眼前的困難，一點一點地做到自己所能夠做的，那麼勢必是可以打開眼前另一條嶄新的道路的，而且還會比預計地更早看見這條路。

星星的案例是我二十多年臨床經驗之中，絕對無法遺忘的案例。

首先，讓我知道，原來以親情作為基礎，有時候也會令人訝異地在最短的時間使傷痕開始痊癒。

其次，保護者及治療者可以一起痛，一起克服問題，一起觀察到最後的稀少案例。

再者，無論治療者所期許看見的是什麼，超乎預期看見了更驚人結果的案例。星星在夢裡與爸爸和解的事情也是如此，不曾接受過困難的精神分析治療過程，星星自己就在夢中吐露了自己的傷痛，星星不僅僅只是在有意識的世界中恢復了健康，在潛意識之中也變得更健康了。

為了要將這個令人感動的故事寫進書裡，而詢問了恩伊：「假名該取什麼才好呢？」恩伊竟然又給我另一個令人感動的話。

「就用『星星』吧，就像是星星自身就可以發光，所有的孩子似乎天生就是有光芒的，我只是幫助我的孩子再次找回他的光芒而已。」

雖然恩伊一度因為自己所受到的傷痕，將孩子暫時置之不理，但是她卻讓我看見了能一一克服傷痕及痛苦的人，究竟有多麼的美麗、有多麼的堅強。

星星最近有個驚人之舉，就是要在專門學校畢業之後，插班到四年制的大學，繼續求學，還說在正式畢業之後，想要正式成為中文的口譯員。雖然只是短短的幾年時間，填滿了安全的需要、尊嚴的需要之後，現在這個孩子已經看見自己自我實現的需要。

星星媽媽和星星的生活雖然稱不上寬裕，但是也算是樸素、安定的生活，日常生活的安全的問題已經解決，還有愛著自己的媽媽，進入大學之後，適應不錯的狀況看來，在這四年內已經滿足了星星的下位水準的需求，於是星星也開始擁有想要邁向下一個階段的想法，面對其他還在猶豫不決的家人們，星星拿出了中文認證考試的認證書，讓他們默默地接受了。雖然這樣下去，又是一大筆的花費，但是，恩伊可是擁有驚人氣勢的女人呢。星星和恩伊的未來，又將可以讓我看到多麼驚人的事情呢？我會以享受的心情來等待的。

如果孩子已經發生了問題，要將他們導回正軌真的不是一件容易的事情，但是，請你成為勇敢的爸媽，一步一步的踏出步伐吧，絕對沒有所謂遲來的親情。

從現在起，請你重新開始

● 請你相信專家，在專家的介入下，會比較容易可以拋開自己的成見。

● 無論是希望或是失望，都只是文字的遊戲，不要隨之起舞。千萬不要放棄，只要實踐自己現在該做的事情就好。

● 只要一次就好，請你真心地認同，目前所有的狀況全都是自己的責任，如果想要流淚，就放聲大哭吧，但是在那之後，請你拋開所有的罪責感，如果你還有時間懊悔自己的罪責感，倒不如再多抱抱你的孩子。

● 不要執拗於世人所說的「正常的模樣」，不要因為要讓孩子成為社會上所要求的一貫的模樣而感到失望或挫折，從目前的模樣一點點地改變，慢慢地尋找吧。只是，請千萬不要完全無視所謂正常的標準，這是因為事實上，所謂正常的標準對於孩子在這個社會中舒適地生活絕對是有幫助的。

● 請你認可孩子會成為現在的狀況都是因為爸媽給予的親情不足的關係，雖然專家會教予你幾招對待孩子的方法，並且需要請你完全依照專家的指針進行，但是也請你不要忘記，如果孩子對於親情的缺乏無法填補，就算有一百招熟透的方法也是無益的。

儘管如此，正確解答依然是媽媽

如果媽媽離家出走，孩子的情緒也會跟著完全崩潰，但是如果是爸爸離家出走的話又會如何呢？在部分複雜的狀況以外，目前我尚不曾在爸爸離家出走的家庭中看到情緒完全崩潰的孩子。

到目前為止的所有內容，如果要濃縮為一句話的話，就是「請讓孩子們盡可能地沾染上最多的媽媽氣味吧」，但是，對於認為自己已經盡了全力，並且感到疲倦的媽媽而言，似乎會提出這樣的抱怨：「為什麼只有媽媽呢？」

儘管如此，身為二十多年來照看了無數內心生了病的孩子的專家，我仍然必須要再一次強調，「一天三小時，媽媽的氣味」，是對於讓我們的孩子成為幸福的人而言，比起任何的技術或是技法，都是更應該要優先實踐的養育本質。

針對帶著委屈的心情，呼訴著「為什麼只有我？」的媽媽們，希望你們可以用包容的心態，換個角度想想「因為只有我才是正確解答，真的沒有其他方法了」，並且，我要在這裡再次說明，我一直強烈主張的媽媽氣味的本質究竟是什麼？還有為什麼不是爸媽氣味，而是媽媽的？同時，這麼重要的媽媽氣味不應該私藏，而在溫暖地傳達給孩子的時候又應該做些怎樣的準備？這些都是我想在這一章告訴各位的。亞洲的所有媽媽，或者說全世界的所有媽媽，希望你們都能將自己擁有的驚人能力傳達給孩子們。

在我懷有第一個孩子的時候，正好是公司的勞團要求在公司內設立幼兒園的時期，但是，一年、兩年過去了，一點要設立幼兒園的徵兆也沒有。不知不覺，七年已經過去了，在那之後，勞團中設立了「希望設立幼兒園的孕婦，現在已經是學生家長了！」的活動標語，由於和我的狀況極為類似，因此也讓我覺得感嘆。在那之後又過了幾年，公司終於開始尋找設立幼兒園的腹地，也許再過個幾年，我們盼了又盼的幼兒園就會竣工了，除了像我這樣，可以將孩子託付給爸媽，而繼續自己的職業婦女生涯的幸運者之外，當時設立了活動標語的人之中，真正能看見竣工式的人並不多。

幼兒園最終還是設立了，只是花費了許多時間，總有一天，政府一定也會有配合魔法時間三小時的社會制度，不過的確也需要花費時間，而在這段時間裡，所有的媽媽也得只能繼續在各自的戰爭中搏鬥著。

1. 就算辛苦或是變化，對於孩子而言，正確解答還是媽媽

如果媽媽的氣味突然消失的話

來到精神科就診的爸媽之中，最常見的類型是媽媽太過軟弱，無法成為孩子堅強的後盾，而爸爸則是為了賺錢而四處奔波，對家人毫無關心的類型，在這樣的爸媽之下成長的孩子，因為無法感覺到家人之間的親密感及歸屬感，也因此自我價值感數值也是偏低的，再加上無法自爸媽身上學習到解決問題的能力，無論是在學校或社會中都缺乏自信心，因而容易感覺到憂鬱、不安。

但是，就算是在這樣的家庭之中，如果能維持家庭的模樣，一天三餐不落的生活下去，孩子也不會嚴重到需要住院的狀況，真正需要住院的嚴重狀況，是因為爸爸完全聽不進孩子的話，總是看不起太太和孩子，甚至是對太太和孩子施予暴力，或者是因為媽媽完全聽不進孩子的話，反而是總是責備孩子，甚或是連三餐都不正常的供給，還有，就算是在沒有任何暴力的狀況之下，會讓孩子突然陷入極度困境的狀況，就是媽媽突然離家出口的狀況。

這是一個國中一年級男孩的故事。每當男孩發火，住在身體裡的戴蒙便會大聲尖叫、口吐惡言。男孩的成績好、又聽從老師的指導，是個老師眼中的模範生，但是家中有著對家人毫不關心的爸爸、冷淡又憂鬱的媽媽、不滿意兒媳婦的祖父母、與自己沒有溝通對話的姊姊妹妹，男孩就是在這樣無法感受到喜悅的環境下成長的。雖然男孩個性比較小心謹慎，又膽小怕事，還常常被朋友們欺負，但是卻是個就算爸媽一天到晚吵架，也能若無其事的早熟孩子，在他身上看不見什麼大問題。

但是在四年級的時候，某次外出參加三天兩夜的學年活動的時候，媽媽卻離家出走了。原來是對兒媳婦極度不滿意的婆婆，趁孩子不在家的時候，將媳婦給趕出家門了。早熟的孩子在這樣的狀況下，也沒有流下一滴眼淚，也沒有說出一句為媽媽抱屈的話，以前媽媽也曾經有過離家出走的經驗，所以孩子也以為這次媽媽過不久就會回家。

但是，經過了三年之後，媽媽還是沒有回來。孩子漸漸地失去了力氣，成績也一落千丈。在這樣的狀況下，朋友特別過分地欺負他的某一天，「我到底做錯了什麼？」這麼大叫之後，孩子便昏倒被緊急送往急診室。過了一陣子，醒了過來的孩子，卻用突然不同的聲音大發脾氣，並且到處追打人，這就是戴蒙。這麼大發脾氣之後，孩子又睡著了，再次醒過來，孩子已經不記得自己做過的行為，但是只要每一次生氣，這樣的症狀就會一再重演。

雖然孩子沒有表露出來，但是媽媽毫無預警地離家出走確實對他造成了很大的衝擊，雖然外在看起來沒什麼問題，但是孩子的內心卻是正處於崩塌的狀態。爺爺、奶奶依然對自己嘮嘮叨叨，爸爸仍然對自己躲躲閃閃，唯一改變的就只有媽媽已經不在了的這一個事實。孩子雖然平常看起來像是不怎麼喜歡自己的媽媽，但是在媽媽離家出走之後，孩子卻崩潰了，呼喊著：「我到底做錯了什麼，為什麼要讓我這麼痛苦？」內心脆弱的孩子，面對獨自無法解決的痛苦及憤怒，最終透過了假的自己——戴蒙表現出來。

讓孩子崩潰的原因，就是因為媽媽的氣味突然消失。

但是，就算媽媽的氣味消失了，也不是所有的孩子都會因此生病的，在孩子姊姊和妹妹的身上就看不到這樣的問題，也許是因為孩子天生的個性就比較柔弱，又在後天上遇上了這樣的精神壓力，所以才會導致這樣的精神疾病。就像是雖然我們都知道吸菸是導致肺癌的原因，但是也有些人先天上肺部就比較健康，所以再怎麼吸菸也不會罹患肺癌。天生精神力比較強悍的孩子，就算處於相同的精神壓力之下，也能好好克服。肺部機能原本就不好的人，在常常接觸香菸這樣的負面刺激的狀況下，便容易罹患肺癌，同理，先天精神力比較脆弱，再加上媽媽氣味消失的後天壓力下，所以孩子才會產生精神疾病。對於精神脆弱的孩子而言，在毫無心理準備的狀況下，某一天突然失去媽媽的氣味，是一個多麼沉重的精神壓力啊！而孩子的姊姊和妹妹的身上，究竟是不是完全不受到媽媽消失的影響，也得要再持續觀察才會知道。

氣味的真正本質是什麼呢？親情的氣味是從哪裡來的呢？有一種大家都聽過的「催產素（oxytocin）」的荷爾蒙，我們又將催產素稱為愛的荷爾蒙，催產素可以促進女性子宮收縮及乳汁分泌，所以在母乳授乳的時候，催產素會特別大量的分泌。催產素會被稱為愛的荷爾蒙的原因是：在爸媽相互愛撫才能製造孩子、讓子宮進行收縮、讓孩子能趕快產出、讓孩子要喝的母乳得以分泌、給孩子餵奶的時候，媽媽的眼裡滿是愛心等等，都是與愛情有關的事情。雖然男性的大腦也會分泌催產素，但是女性的子宮和乳房存在催產素的受體，所以女性身上的愛情味道會更加強烈。

男性的身上雖然具有五臟六腑，但是女性的身上，加上子宮共有六臟六腑，再加上可以流出乳汁和蜜的兩個乳房，女性比男性多了三個房間，所以我常常說，如果男性的身體價值是一億台幣，那麼女性就是還多擁有價值三千萬台幣的房間一個、價值一千萬台幣的房間兩個，比男性的身體價值還要多五千萬台幣，在這些房間之中，滿滿的都是媽媽的味道，也就是愛的荷爾蒙催產素。

再加上，孩子並不僅僅只是近距離地聞到媽媽的氣味，十個月的時間中，在媽媽的體內與媽媽共同分享純度百分之百的氣味，孩子才會來到這個世界上，所以對於孩子而言，媽媽的味道也就是生命的味道。

先前曾經說過，媽媽離家出走的話，會讓孩子面臨可能得住院治療的崩潰狀態，但是如果是爸爸離家出走的話又會如何呢？除了某些特別複雜的狀況之外，會因為爸爸的離家出走而發生可能得住院治療的嚴重狀態的孩子幾乎是沒有看過的，雖然對爸爸而言，這可能是有點令人傷心的結果，但是，就算爸爸離家出走，在家裡也沒有爸爸的痕跡。反正爸爸也不會為孩子準備三餐、為孩子清洗衣物、也不會像媽媽一樣溫暖地抱抱孩子，只要能擁有爸爸每個月帶回來的家用費用，媽媽獨自一人也可以為孩子準備三餐、讓孩子求學，所以，對於孩子而言，當然只有媽媽才是正確解答。

解開被困住的媽媽氣味

對於孩子而言，媽媽就是正確解答，媽媽就是開啟的鑰匙，因此先生得要對太太很好才可以，也因此政府應該率先站出來，以幫助媽媽鑰匙可以正常發揮其作用。無論花費多少金錢、多少時間在養育孩子，如果缺少最後的鑰匙——媽媽的話，孩子的心房是無法開啟的。令人惋惜的是，有些媽媽們缺乏自我認同的自覺，所以有時候反倒是成為鎖上孩子心房的鎖頭了。就算媽媽渾身充滿著能正確養育孩子的鑰匙—親情的味道，但是卻有時候會將親情的味道嚴實地鎖了起來，而媽媽們將親情的味道囚禁在自己體內的最大原因有以下兩點：

其一是她們錯誤理解了要順從先生的傳統太太的角色，所以成為了只注視著先生的先生向日葵。這樣的太太在遭遇到困難的環境時，只會成為注視著先生的望夫石，在家庭發生問題時，自己什麼也不做，只是指責先生竟然連養活孩子都做不好，只是將孩子這麼放置不管。這樣的媽媽是很常見的。

另一是生活的壓力。在精神科服勤的多年經驗下，在我看來，來到精神科求診的患者之中，將媽媽的味道囚禁在體內的第一、二名的壓力就是經濟上的壓力和人際衝突造成的壓力。一般而言，人際衝突之中，與先生的衝突、先生的外遇，更是會讓媽媽的氣味及媽媽的心靈囚禁起來的超強力麻醉劑。先生的外遇會讓媽媽產生自己理性都不認同的荒謬行為，如果在這個狀況下另外加上經濟上的困頓，就可能會導致媽媽拋棄孩子，離家出走的狀況。

解決上述問題的方法有兩種，一種是與其他人交換身處的狀況，另一種則是改變自己的想法。其中最可以快速解結問題的就是改變自己的想法。假設現在突然下了一場大雨，下了大雨之後，地面就會變得泥濘不堪，天氣變得寒冷，心情也就會跟著不好，如果雨趕快停就好了，但是光是憑我一己之力，卻又沒有辦法讓雨停止，這個時候，只要改變我自己的想法就可以了。

「如果下雨的話，山上的樹木也會變得健康，之後夏天我們也就可以在樹蔭下涼爽地度過了，到了秋天，更會可以吃到今年才收穫地好吃新米呢。」

如果這樣一想，心情是不是就好轉了呢？只要改變我自己的想法，現在我所處的狀況在一瞬間就改變了，只要可以理解，讓雨停止並不是解決問題的唯一一個方法就可以了。就算下雨也不會變得不方便、雖然有點不方便，但是其實已經比一開始更好了，這些想法的浮現也可以視為問題已經解決了。改變我的想法是解決問題的最快解決之道。

這種解決問題的態度，對於家庭所發生的問題也是非常重要的，這是因為——在我發著脾氣的期間，孩子的成長也不會因此停止。孩子會一併接受我的不安及憤怒，每天每天繼續地成長，就像是還在成長、脆弱的花苗一樣的孩子，對於外部所給予的，特別是爸媽所傾注的情感及情緒是沒有篩選的能力的，所以，就算爸媽暫時產生了某種不安定的情緒，也應該盡快再次尋回安定，並且再次為孩子營造健康的環境。藉由改變我自身的想法，可以先暫時撲滅漫天的大火，但是，雖然看起來是為了孩子才要緊急撲滅漫天大火，但是以長遠來看，對於媽媽自身也是有益的。

以過去的臨床經驗來看，選擇要改變周遭生活環境的人，就算過了一段時間，狀況可能也不會輕易好轉。最初的一年是憤怒、憂鬱的，第二年開始覺得自己很悲慘，到了第三年身體狀況開始惡化，只能持續進出醫院，在那之後，到寺廟靈修、到教會禮拜、登山、旅行，只是為了放空心靈，但是卻讓時間只是白白流逝。心裡的疙瘩還是存在的，對方的所作所為並沒有改變，我依然是可憐的受害者。就是因為抱持著這樣的想法，結果才會是這樣的。就算好不容易打起精神，回歸家庭，但是已經失去媽媽的氣味好多年的孩子，已經擁抱著另外的人事物，讓媽媽只能再次感到痛苦。

反觀選擇要改變自己想法的人，也許一開始看起來確實比較委屈、比較辛苦，但是他們可以趕快放空心靈，立刻又再次找回心靈的平靜，然後以任何方式整頓自己的人生，而更重要的是，孩子也不會因此而走上歪路。

改變想法是什麼意思呢？也就是要往正面的方向去思考，只有找到正面的思考，才不會重返過去負面的思緒。就是因為認為現在我所處的現實中，沒有正面的事物，才會固定在負面的思考中，最後讓自己滿身瘡痍的。當然，先生外遇等的壓力狀況下，可能再怎麼也無法以正面思考來直接突破，那麼，就請你對於至少現在還沒有導致更糟糕的狀況而抱持感恩的心吧！就算一場洪水淹沒了我們家的院子，至少還沒有淹進家裡，所以我們應該要抱持感謝；如果洪水已經淹進了家裡，那麼至少我們也應該感謝我們的家人並沒有因為這場洪水而有人員傷亡的現象。

無論處於多麼負面的狀況下，只要下定決心要朝正面的方向去思考，那時候就會是一個全新的起點，肯定的思考會是解救我們離開苦難的環境的第一步，最終也將會改變我們的人生。

美國UCLA的研究人員以大學生作為研究對象進行了以下的實驗。其中一個族群是讓他們一整天閱讀會讓人心情好的劇本，另一個族群則是讓他們一整天閱讀會讓人變得憂鬱的劇本。在那之後，抽血進行成分的分析。第一個族群血液中的免疫細胞含量相當豐富，血流速度良好；而第二個族群的免疫細胞則奄奄一息，血流速度也有些沉滯，甚至是容易發生感染。不過只是一天，不過只是一個假想的劇本，竟然就能造成這麼明顯的差異。

哈佛大學的心理學者艾倫・蘭格（Ellen Langer）教授的實驗則是選擇了八十四名血壓值偏高、體重過重、肚子微禿的飯店清潔人員進行實驗。面談過程中，這些飯店清潔人員都認為是因為飯店清潔工作過於繁忙，使自己沒有時間可以外出運動。蘭格教授告訴其中一半的飯店清潔人員，飯店清潔工作的運動效果，更換床單十五分鐘可以消耗四十卡路里，使用十五分鐘的真空吸塵器可以消耗五十卡路里……並且告訴他們一天打掃十五個房間，大概和外出運動兩個半小時一樣。在一個月之後，蘭格教授又再次對這八十四名飯店清潔人員進行面談，聽了說明的四十二名飯店清潔人員雖然沒有另外進行額外的運動，但是健康檢查的結果，除了微禿的肚子縮小了，血壓值也下降了。認為自己的身體狀況將會有正面發展的飯店清潔人員，他們的身體狀況也實際產生了變化；不這麼認為的人，則只是疲勞持續累積的狀況。蘭格教授的實驗，確實是可以告訴我們：在存在壓力的環境狀況下，我們以怎樣的心態、態度面對就能產生怎樣的結果。

《Watching》的作者金尚運介紹了包含上述蘭格教授的實驗等，以科學實驗說明正面思考的重要性。他在裝了飯的一號玻璃瓶上貼了寫著「感謝」、「愛情」的貼紙，另外在同樣裝了飯的二號玻璃瓶上貼了寫著「憎惡」、「混蛋」的貼紙，在一個月之後，一號玻璃瓶之中的酵母發酵的狀況很好，但是二號玻璃瓶卻已經發黑，還發出陣陣惡臭，書中不僅舉了一個這樣的案例，同時也放上了實驗結果的照片。雖然金尚運的實驗結果就到此為止，如果二號玻璃瓶不僅僅只是被貼上寫著混蛋的貼紙，而是會一次咒罵著混蛋的話呢？又會怎麼樣呢？惡臭應該會充滿整個家中吧，而一天之中無數次咒罵著混蛋的人，會不會也自己成為二號玻璃瓶呢？

成為爸媽的我們，無論身處於任何的狀況下，都應該要好好打起精神，不要讓自己成為二號玻璃瓶才行。就算值得感謝的事情不過像是指尖一樣的大小，我們也應該要抱持著慶幸的態度，就只要三年，讓我們全心全意地投入於媽媽的角色之中。第一章所介紹的明宇媽媽，因為孩子還沒有陷入真正無法挽回的兩性問題之中而抱持感謝，立刻再次與孩子重新連結了關係；星星媽媽感謝著讓星星去學習跆拳道的爸爸，也感激著養大星星的奶奶，抱持著這樣的心情，星星媽媽才再次開始養育孩子。緊握著「究竟是因為誰才讓我變成這個鬼樣子」的感情垃圾，並不會讓狀況可以折返到過去，你必須要全念專注於自己該做的事情上。那些克服了逆境的人們，他們總是會一致地感激當時他們所遇上的那個困境。

你的子宮和乳房明明還然持續分泌著催產素，你卻忙著埋怨某人，而將孩子放置不管，只是讓催產素這麼流逝，你也和望夫石是沒什麼不同的存在。

星星媽媽的狀況也是這樣的。將孩子送到先生的身旁，自己的身體雖然還是完整的，但是心靈卻已經像石頭一樣地硬化，一點感情也感受不到了，就算看著喜劇也笑不出來，就算看到悲傷電影也不會流淚。但是，在星星重逢之後，就算只是電話鈴聲響起，也因為擔心是不是孩子發生了什麼意外，心臟總是會重重地向下一落；在衝向學校校長室的那時候，也因為心情的大起大落而甚至到了應該要吃藥的狀況；星星大學入學的那一個星期，星星媽媽幾乎總是在流淚，身邊人們給她的祝賀聲也每每讓她哭泣。直到這一刻，她才感受到舒坦。雖然比起獨自生活的時候，現在生活的開銷更大，需要計較及在意的事情也變得更多，但是直到現在，她才能真正像個人這樣的呼吸、生活，這是因為，作為催產素的起點及終點的孩子，現在就在她的身旁。

對於媽媽而言，孩子也是正確解答

在媽媽們的圈子裡，儲存臍帶血曾經蔚為風行一段時期，儲存臍帶血一事，是當孩子如果罹患了什麼重大疾病的話，可以應用在治療疾病。看到這個現象，我是這麼想的：對於爸媽而言，孩子就是他們心理學上的臍帶血啊！孩子會補充爸媽的元氣，甚至是可以拯救爸媽的生命，在我們因為嚴重的壓力或疾病而想要放棄自己人生的時候，孩子能喚醒我們，讓我們不放棄生而為人的強力動機及意志。

雖然這一番話聽起來有點像是老調重彈，但是在身體不舒服的時候，爸媽總是會這麼告訴我們：「就算只是想到孩子，也應該要一骨碌地爬起來才是」；在與先生激烈爭執之後，無法戰勝心中苦痛，而抱持著應該要離婚的想法的時候，爸媽也會依然這麼告訴我們：「想著孩子們，忍下來吧」，聽到這些話的媽媽們，可能會憤怒地這麼說：

「那麼我的人生呢？我的人生又算是什麼？」

但是事實上，我確實有過孩子可以救回媽媽一命的切身經驗。

在我四十多歲的時候，有大約三年的時間身體狀況持續都是不好的，經歷簡單的婦科手術之後，奇怪的身體狀況一點也沒有好轉，特別是在手術後第一天，讓我覺得特別痛苦，也說不上特別的糟糕，只是持續全身無力的症狀。我開始有了「會不會這樣下去，有一天就莫名其妙地死掉了」的想法，我又再次體悟到死亡並不會在我們訂好的時間才會到來，甚至擔心起會不會明天早上就不再睜開眼睛，那麼我該怎麼辦呢？光是這樣的想像，恐懼、憤怒、憂鬱、不安、無力感等各種負面情緒像是潮水一般地向我湧來。不過，無論是我的各種角色：太太、女兒、兄弟姊妹、老師、學生、朋友等的角色，總會有人可以取代，但是無論我怎麼思索，對於孩子們而言，我的母親角色該怎麼交付給另一個人？光是想像就讓我覺得渾身打寒顫。

下著雨的某個星期六，特別傷感的一天，我打了一通電話給好友。

「如果孩子的母親死了，那麼孩子究竟該怎麼辦呢？」

不知道是不是因為問題太過恐怖，靜靜聽著的朋友，過了好一陣子才開口：

「如果在孩子長大成人之前，就已經失去了母親，那一定是那孩子自身的命運，但是你的孩子的臉看來就是個福相，所以請你相信孩子的力量，好好地重振精神吧。」

我的這個好友既沒有結婚，也沒有子女，這麼直接的話語讓我苦苦思索了一陣子，然後我突然理解到好友的一番話是正確的，心理就像是貫通了一樣。雖然每個人都得獨自死亡，但是，在邁向死亡這個最後階段的道路上絕對不會是獨自面對，我的死亡並不是我自己的問題，也會是陷入失落感而痛苦的孩子們的問題，所以孩子一定比誰都更希望我能恢復健康。

這麼一想，在動手術的兩天前，十歲的兒子在毫無理由下蕁麻疹發作的事情，我也突然理解了，雖然當時我只抱怨著：「就算沒這些事情也已經夠心煩意亂了，竟然連孩子也讓我這麼辛苦」，但是重新想想，原來是敏感的孩子擔心媽媽有什麼萬一，以身體狀況來表達自己內心的不安，而八歲的女兒則是在我手術的那一天晚上，生平第一次沒有與媽媽一起睡覺而嚎啕大哭。換句話說，他們雖然還只是小小的豆莢，對於生命重量的感覺，卻和大人是一樣的。

「是啊，如果我早早就死了，對於你們也是一大損失，所以一起祈禱媽媽會趕快好起來吧。」

「可以讓他們感覺到媽媽的不可或缺性，我的這一場病，是多麼值得感謝的一場病啊！」

我在這麼放下心裡的包袱之後，身體也終於開始恢復健康了。

完成句子檢查之中，許多孩子寫下的是：「我最擔心的是爸媽生病的事」，既然這是孩子們的擔憂，也就是爸媽的擔憂，那麼我們當然要再次健康地站起來，也因此，孩子能夠拯救爸媽的性命是絕對沒有錯誤的事實。

如果你是一個賢明的人，你會尊重另一個人，也會知道要畏懼他內在所具有的力量，相同的道理，如果你是一個賢明的媽媽，也應該要知道畏懼自己的孩子。我們不會永遠年輕或有力量，總有一天，孩子擁有比我們更大力量的那一天一定會來臨的，我的兒子在國中一年級的時候已經長得比我還高，現在甚至可以將我舉起來，儘管如此，兒子在我心中還是跟孩子一樣，所以還是每天對他嘮叨，但是，總有一天，我反過來被兒子嘮叨的那一天一定會來臨的。孩子還很弱小的時候，如果能真心誠意養育他，那麼當你變得脆弱的時候，他一定會抱持著相同的心情照顧著你，這是因為，孩子都是以你所教導他的方式生活的。

在你心裡覺得極度厭倦、覺得連祈禱都無法拯救自己、只是不停流著眼淚的時候，孩子說他肚子餓了，這時候你也許會怒氣衝天地想要這麼大吼：「現在這個局勢，肚子餓是問題嗎？就連你也覺得可以這樣看輕我嗎？對我的人生一點幫助也沒有的傢伙。」但是，這時候孩子卻是為了拯救你而下凡的天使。拿出全身的力氣，站起身、煮好飯，餵飽孩子吧！你也會因為肚子餓而吃下了第一口，這麼一來，大腦中有了足夠的葡萄糖，思緒也能開始正常思考了，這樣一來，你也會去照照鏡子，這樣一來，你也會去洗個頭，就這麼你的人生的齒輪又會再次地轉動了，你的人生就這麼繼續下去了。這是神透過我們身邊的天使，告訴我們活下去的道路，讓我們走向天使可以開心、幸福的道路吧！天使如果要我們一起出門，就一起出門吧！這是天使要讓你被陽光照耀的緣故；天使如果說想要吃炸豬排，就算先生大吼說沒有錢，那麼就算你得在超市打工四小時，也去打工買炸豬排吧！這是天使要讓你學習獨立的緣故，吃了飯、被陽光照耀，臉上將會恢復血色；洗了頭、將自己打扮得乾淨整齊，還能夠以自我之力，購買一百份炸豬排的時候，人們也將會因為你自身所擁有的力量而感到驚訝，而再次感受到你的魅力。天使所帶你走向的路上，你將會獲得你的正確解答，就像是對於孩子而言，媽媽就是正確解答，對於媽媽而言，孩子也會是正確解答，就算是在人生中遭遇了困境，也千萬不要無限陷入讓自己渾身是傷的負面思緒之中，也千萬不要將自身所散發的媽媽氣味囚禁在身體之中，請你跟隨著這個以本能及感覺所凝結而成的單純的靈魂，一起穿越黑暗的隧道吧！

養育孩子一事，怎麼能以簡單的幾句話就此帶過呢？再怎麼說我們應該要敦親睦鄰，但是面對會毆打我們孩子的鄰居，原諒他們、愛他們，都不是一件簡單的事情；再怎麼想要無欲無求地生活，但是卻怎麼也無法忽略吵著、央求著要好吃的、漂亮的衣服、好玩的玩具的我們的孩子。有些時候，我總會這麼想，耶穌既沒有結婚，也沒有孩子，怎麼能說出聖經中的理念？而佛祖更是乾脆正式離開家人，這樣又怎麼能夠成佛呢？

在心理學用語之中，存在所謂的「皮格馬利翁效應（Pygmalion Effect）」，是名為皮格馬利翁的國王，因為非常喜愛自己所創造的雕像，而日夜祈禱雕像可以化身成人，因而神才讓雕像真正化身為人。也就是當你真心懇切地期盼的話，那件事一定會實現，神會在人類盡了最大的努力之後，在最後一刻現身，如果我們日夜祈禱我們所雕刻出來的孩子能夠成為正直、幸福的人的話，神一定會為我們實現這個心願的。

雖然在這本書之中，我集中地說明了孩子發展的過程，但是事實上，發展在成人也是持續進行的過程，心理學家埃里克森（Erikson）認為在各個年齡層都有自己的心理發展的任務，而二十多歲至五十多歲的任務則是「生產」，如果在成為成人之後，無法做到以生兒育女、賺取金錢、創作作品等各種方式進行生產，那麼就將會擁有沉滯、荒廢的人生；而在五十多歲之後的任務則是「統合」，在這裡，所謂的「統合」則是指對於自己的人生究竟是過的好或不好的滿足感，如果無法統合，人們將會陷入絕望之中，對於死亡感到恐懼，而只能不安的生活。

如果你已經為人母，那麼你勢必已經完成了「生產」的階段，那麼，你應該要如何才能完成並通過「統合」這個任務，完成你的人生呢？只有在孩子就算失去爸媽之後，也能獨自完成人生，在我們看見這個爸媽心中最為懇切的終點後，才算是滿足的統合。

小時候吃完炸醬麵後逃跑的人，在三十多年之後，拿著錢回來求得原諒的理由是——自己所犯的錯誤比誰都還要瞭解的緣故。

自己的祈禱及誓言也是自己最為清楚，我們只有在看見了自己的祈禱及誓言的結果，才能安心地閉上我們的眼睛。為子女的明天懇切祈禱媽媽們，請一邊帶著感激，一邊感到幸福，就這麼走到這條路的盡頭就可以了。

寫在最後

在完成初稿之後，我突然想起了剛剛生下第一個孩子的那時候。如果說，一九九三年，當我取得心理專家資格證，開始在精神科值勤的時候，是我人生的一個分歧點，那麼，一九九七年，在我生下第一個孩子的那一瞬間，相必就是我人生中一個重大的轉折點了，因為在那之前，我真的不曾想過自己會寫出這樣的書籍。直到那時候為止，我一直都僅僅著眼於對心理評價、大腦機能檢查、壓力管理等範疇，但是在生下孩子之後，我的興趣也自然而然地改變了。

養育孩子這件事，比起過去進行過的各種作業或工作都還要困難，且看不見終點，如果是作業的話，只要能找到公式，大概也就可以輕易解決了。但是，養育孩子的作業卻不是這麼簡單可以進行的，我也曾經試圖要找到公式，而翻遍了各類養育理論書籍，但是就算我可以認同這些優秀的理論及原則，但是卻總是有種覺得缺少了什麼核心似的疑問。

這個疑問到達極點的時機，就是先前介紹過的，在我遇見那個自閉症孩子的時候，雖然當時我已經在醫院裡任職超過八年的時間，對於來到精神科治療的孩子，我卻仍然無法擺脫他們的爸媽必定是有許多問題的人的刻板印象，但是，那個孩子的爸媽卻是在我的身邊也很難看到的斯文、溫柔、穩重的人，他們只是為了孩子而努力地工作賺錢罷了。

「這麼優秀的爸媽所生下的孩子，為什麼心理會生病呢？」

這時候，我才真正地展開了尋找養育的解答。

我在諮詢室所預見的無數孩子，全都和我的孩子一樣，是在祝福聲之中出生的，他們只不過是在某一個時間點下走錯了路罷了。但是，令人吃驚地卻是，在孩子的人生歪曲了的那個時間點，他們的爸媽卻都是存在的，就算如此，這些爸媽也並不是不愛他們的孩子，他們只是用了錯誤的方式傳達他們的愛意罷了。

在我一邊分析著市面上無數的養育理論的虛與實，一邊花費了二十多年時間進行的養育及研究，我才知道其實是可以找到比較現實的方法的，但是儘管是這樣的方法，對於媽媽的立場而言，如果會太過難以實現，或是會給予她們過多的負擔，這樣的方法也就被我排除了，這是因為我在現實上也只是一個平凡的媽媽罷了。

只有對於媽媽跟孩子而言都是幸福的方法，雙方也才能共同堅持漫長的養育時期，所以我拋棄了所有非現實的方法，而最終推敲獲得的解答，就寫在這本書之中。

這本書所提出的內容，不僅只是專家所告訴各位的養育方法，更是希望孩子能健康、幸福地成長的媽媽，對於這個一定得解開的作業所提出的解答。

雖然我也試著要提出符合現實的答案，在這本書裡面所介紹的方法似乎仍然會讓各位媽媽感到辛苦，特別是「就算這樣，媽媽依然是解答」這樣的句子，說不定會讓各位媽媽感到窒息或是被欺騙吧，儘管如此，我還是想告訴各位，這已經是給各位最小的負擔了。

在生下孩子之後，我曾經有一次能獨處的機會，是在丈夫帶著兒子去參加三天兩夜的露營的時候，因為工作的關係，無法同行的我，為了第一次享受到的自由，甚至下定決心連一滴水都不要沾到。聽到我偉大計畫的朋友們這麼告訴我：「雖然很不環保，但是既然你不想要洗碗的話，那就直接把飯放在泡麵碗蓋上，吃了後就丟了吧，還有，就用雙免洗筷吧！」但是，最終我偉大的計畫還是失敗了，這是因為為了要吃西瓜，我還是使用了刀子，最後為了洗刀子，手上還是沾了水，就像是為了生活，人的手總是得沾到水一樣，為了要養育孩子，總還是有些無可避免而得要做的事情。

就算如此，我還是盡可能地在減輕媽媽負擔的條件下，努力地尋求了爸媽及孩子能一起獲得幸福的道路，而這條道路上，我也要歡迎永遠的同志——各位媽媽們的到來。

有這麼一句話，為了養育孩子，事實上需要一整個村莊，所我得要向成為一整個村莊的我的爸媽、家人、朋友們致上最深的感謝，同時也得向在市面上充滿了無數養育書籍的現在，願意再出刊這麼一本書的出版社所有同仁們，致上深深的謝意。

李賢秀

一天三小時，讓孩子變鑽石！

作　者—李賢秀
譯　者—莘苡慕
責任編輯—林巧涵
執行企劃—林倩聿
美術設計—陳郁汝
董事長
總經理—趙政岷
總編輯—余宜芳
出版者—時報文化出版企業股份有限公司
10803台北市和平西路三段二四〇號四樓
發行專線—（〇二）二三〇六—六八四二
讀者服務專線—〇八〇〇—二三一—七〇五
（〇二）二三〇四—七一〇三
讀者服務傳真—（〇二）二三〇四—六八五八
郵撥—一九三四四七二四時報文化出版公司
信箱—台北郵政七九～九九信箱
時報悅讀網—www.readingtimes.com.tw
電子郵件信箱—ctliving@readingtimes.com.tw
時報出版粉絲團—http://www.facebook.com/readingtimes.fans
流行生活線粉絲團—https://www.facebook.com/ctgraphics
法律顧問—理律法律事務所　陳長文律師、李念祖律師
印　刷—盈昌印刷有限公司
初版一刷—二〇一四年十一月二十一日
定　價—新台幣三五〇元

⊙行政院新聞局局版北市業字第八〇號

國家圖書館出版品預行編目資料

一天三小時,讓孩子變鑽石 / 李賢秀作 ; 莘苡慕譯. -- 初版. -- 臺北市 : 時報文化, 2014.11

ISBN　978-957-13-6127-7（平裝）

1.育兒　2.親職教育

428.8　　　　10302213

하루3시간 엄마냄새 SCENT OF A MOM, FOR THREE HOURS A DAY

ISBN　978-957-13-6127-7
Printed in Taiwan

【附錄】

●瞭解孩子心思的句子測驗●

從現在起，請試著完成下列短句，使他成為完整的句子。

1. 我最幸福的時候是
2. 其他人對我
3. 我媽媽是
4. 我是
5. 我最擔心的事情是
6. 我最喜歡的人是
7. 我最討厭的人是
8. 我爸爸是
9. 我最想要擁有的東西是
10. 我最悲傷的時候是
11. 對於學習，我覺得
12. 我爸爸和媽媽的關係是

13. 我最希望的事情

第一個＿＿＿

第二個＿＿＿

第三個＿＿＿

【附錄】

●瞭解孩子心思的句子測驗●

從現在起，請試著完成下列短句，使他成為完整的句子。

1. 我最幸福的時候是＿＿＿＿＿＿
2. 其他人對我＿＿＿＿＿＿
3. 我媽媽是＿＿＿＿＿＿
4. 我是＿＿＿＿＿＿
5. 我最擔心的事情是＿＿＿＿＿＿
6. 我最喜歡的人是＿＿＿＿＿＿
7. 我最討厭的人是＿＿＿＿＿＿
8. 我爸爸是＿＿＿＿＿＿
9. 我最想要擁有的東西是＿＿＿＿＿＿
10. 我最悲傷的時候是＿＿＿＿＿＿
11. 對於學習，我覺得＿＿＿＿＿＿
12. 我爸爸和媽媽的關係是＿＿＿＿＿＿

13. 我最希望的事情

第一個

第二個

第三個